U0310795

骏枣生理生态学研究

李建贵 英 胜 殷传杰 冯春林 等 著

科学出版社

北京

内 容 简 介

本书是在国家"十一五"科技支撑计划课题"枣品种优选及高效栽培技术研发与示范(2007BAD36B07)"、国家林业局重点推广项目"塔里木盆地西南缘防沙治沙技术集成与示范(【2010】TK77号)"、自治区财政林业科技专项"枣营养需求规律研究与生物肥引进"等课题研究成果的基础上,系统总结了干旱区特殊气候条件下骏枣花果生长特性、光合特性、水分特性、养分特性等生理生态特性,深入研究了人工栽培措施对骏枣生理特性的影响及骏枣果品品质调控技术。研究成果将为骏枣科学种植提供理论依据。

本书可供从事枣研究的专业人士、管理人员及枣种植人员参考,也可供从事林学、植物学和生态学的研究人员、管理工作者及大专院校师生参考。

图书在版编目(CIP)数据

骏枣生理生态学研究 / 李建贵等著. —北京:科学出版社,2015.3
ISBN 978-7-03-043129-5

Ⅰ.①干… Ⅱ.①李… Ⅲ.①干旱区-枣-植物生理学-生理生态学-研究-新疆 Ⅳ.①S665.1

中国版本书图馆 CIP 数据核字(2015)第 017763 号

责任编辑:张会格 夏 梁 / 责任校对:夏 梁

责任印制:徐晓晨 / 封面设计:北京铭轩堂广告设计有限公司

科 学 出 版 社 出版

北京东黄城根北街 16 号
邮政编码:100717
http://www.Sciencep.com

北京京华虎彩印刷有限公司 印刷

科学出版社发行 各地新华书店经销

*

2015 年 3 月第 一 版 开本:720×1000 1/16
2015 年 3 月第一次印刷 印张:13 3/4 插页:2
字数:263 000
定价:88.00 元
(如有印装质量问题,我社负责调换)

序

　　红枣原产于我国，除黑龙江省以外全国各地均有种植，至今已有3000多年的栽培历史，是我国特有的经济林树种之一，也是世界七大干果之一。枣树作为生态林和经济林兼用树种，既具有抗旱，耐瘠薄等优良的生态特性，而且枣果作为药食同源果品，一直受到人们的喜爱。近年来枣已成为我国水果食用、干果加工、药用保健等经济果树开发中的新热点，创造了十分可观的经济，社会和生态效益。

　　枣在我国的传统主产区是山西、陕西、河北、山东、河南等五省区。但是，近些年来，由于新疆的土地资源丰富，且具有栽培优质水果所必须的光热充足、日温差变化大等有利因素。因此，自2005年以来，新疆政府大力推进特色林果产业发展，枣树种植面积迅速扩大，而且获得了优良的果实品质。目前新疆枣种植面积和产量均居全国前列，也是新疆种植面积最大的特色林果树种，已成为新疆农业的支柱产业，是农民增收、农业增效的新亮点。

　　如何进一步提升新疆枣产业的产量和质量呢？显然是需要科技创新驱动。一方面需要加强枣树栽培生理学的基础理论研究，用以指导建立更加科学的新栽培技术；同时也需要开展适应新疆生态特点的抗旱、抗盐的理论研究与相应的栽培技术研发，以便为新疆枣产业提供具有地域特色的科技支撑。为此，该专著以新疆枣主栽品种骏枣为研究对象，开展了枣树花芽分化、落花规律、果实生长特性、光合特性、水分特性、养分需求规律的理论研究；研发了人工调控枣树、果实生长发育、保花保果等技术；同时针对新疆地处极端干旱区，降雨稀少而蒸发量极大、土壤盐渍化沙化危害严重等环境条件对枣的生长产生不利的影响，运用植物抗逆生理生态学的原理和方法，开展了枣在逆境环境下的生长发育规律、果实产量形成过程及其生理特性进行深入的研究；在此基础上建立了一系列的抗逆栽培技术，保障了新疆枣产业的高产、优质、高效。可见此项研究，不仅将枣树基础理论研究与应用技术开发有机的结合起来，而且将枣树一般生理学研究与新疆逆境条件的抗逆生理学研究相结合，成为具有新疆特色的首部关于枣生理生态方面研究的专著，具有重要的理论意义和指导生产的应用价值。

　　本书是由新疆农业大学和新疆林业厅产业部门合作完成，是产学研结合，共同研发的成果，在该书出版之际，特做此序以示祝贺！

中国工程院　院士
北京林业大学教授

2014 年 10 月 22 日

前　言

　　枣（*Ziziphus jujuba* Mill.）又名中华大枣、红枣、枣子、胶枣、刺枣，为鼠李科（Rhamnaceae）枣属植物。枣为我国特有种，有悠久的栽培历史，与桃、李、杏、栗并称为古代五果。

　　考古证明枣在中国已有很长的栽培利用历史。《诗经》已有"八月剥枣"的记载了。《礼记》上有"枣栗饴蜜以甘之"，《战国策》有"北有枣栗之利，民虽不由田作，枣栗之实，足食于民矣"的记载，说明枣在2000多年前已被作为重要的木本粮食。

　　枣作为药用植物也很早。《神农本草经》即已收载，李时珍在《本草纲目》中说：枣味甘、性温，能补中益气、养血生津，用于治疗"脾虚弱、食少便溏、气血亏虚"等疾病，民间也有"日食三颗枣，百岁不显老"之说。

　　枣树作为生态林和经济林造林兼用树种，具有抗旱、抗寒、耐土壤瘠薄、枣果经济价值高等优良特性，一直受到广泛的重视。目前除了黑龙江省以外，我国的其它省区市均有种植。据国家林业局造林绿化管理司杨淑艳同志在国家林业局2014年5月举办的特色经济林（枣）培训示范班（郑州）上介绍，2012年全国24个省枣栽培面积达到2289万亩，其中结果面积1628万亩。面积超过200万亩的有新疆（709万亩）、河北（428万亩）、山西（372万亩）、陕西（235万亩）、山东（207万亩），50万～100万亩的有河南、辽宁和宁夏，分别为90万、71万和56万亩；10万～50万亩的有甘肃、湖南和天津，分别为44、15和15万亩。2012年总产量为508.0万吨，产量增加132.7万吨。与2010年相比，2012年共有18个省枣产量有所增加，其中，新疆增长最多，增加了81.8万吨。2012年，24个省枣从业人员达433万人，其中新疆为193.万人。

　　我国传统的枣主产区山东、河北、河南、山西、陕西等地受气候的影响，特别是在枣成熟期和采收后晾晒过程中经常遭遇强降雨，导致出现大量烂果等问题。而新疆丰富的光热资源，十分适合喜光热的枣生长。新疆的枣具有着色好、含糖量高、口感细腻等优良的外观特性与内在品质，加之2005年以来，在新疆政府大力支持和扶持枣种植基地建设的推动下，新疆枣的种植面积由2005年前的几十万亩迅速扩大到2012年的超过700万亩，成为新疆第一大特色林果树种。栽培面积占全疆特色林果总面积的1/3强，成为新疆农业产业结构调整和农民增收的重点与亮点。

但是，虽然目前新疆枣的种植面积和产量位居全国第一，但主栽品种中除了哈密大枣外，其他如骏枣、灰枣等均为由内地引进；而新疆与品种引种地的气候、土壤等差异很大，为适应新的环境，枣的生理生态特性也必将发生相应的变化。阐明枣为适应不同环境因子改变的能力、环境因子对枣代谢作用和能量转换的影响及枣与环境相互作用的基本机制等科学问题就成为有针对性的解决新疆枣种植技术难题的基础。为此，在国家科技部、新疆科技厅、新疆林业厅等部门的大力支持下，本书编写组先后承担了国家"十一五"科技支撑计划课题"枣品种优选及高效栽培技术研发与示范（2007~2010年）(2007BAD36B07)"、自治区科技计划项目"枣新优品种引进与抗寒栽培技术研究与示范2009~2010年"、自治区财政林业科技专项"枣营养需求规律研究与生物肥引进（2010.5~2011.5）"等课题，组织开展了研发工作。在此基础上，系统梳理和总结了在新疆独特的自然条件下骏枣生长发育、光合、水分、养分等特性以及栽培措施对其的影响与调控方面的理论成果，包含了李建贵、英胜、殷传杰、冯春林以及朱银飞、陈波浪、张磊等科研人员和硕士研究生王娜、于婷、张俊、侍瑞、康鹏、陈辉煌、孙盼盼、钱立龙、郭艺鹏、牛真真、王刚、王泽、石游、王海儒、努尔妮萨·托合提如则、蒋劢博等的辛勤工作和成果。全书以相关研究生的硕士论文为基础，由李建贵、英胜、殷传杰、冯春林负责统稿。本书第一章主要介绍干旱区骏枣花果生长特性，第二章主要介绍干旱区骏枣光合特性及栽培措施对骏枣光合、荧光等特性的影响，第三章主要介绍干旱区骏枣水分特性及栽培措施对骏枣水分特性的影响，第四章主要介绍干旱区骏枣养分特性、养分需求规律、不同施肥处理对骏枣养分吸收的影响。

　　本项研究工作得到了新疆科技厅、新疆林业厅、新疆农业大学及新疆阿克苏地区林业局等单位及领导的大力支持,也得到了中国工程院院士尹伟伦教授、中国农业大学王涛教授、新疆农业大学董新光教授、河北农业大学刘孟军教授、新疆林业科学院史彦江研究员和宋锋惠研究员等专家的指导和帮助,在此一并表示最诚挚的谢意。

　　由于木本植物生理生态学研究的复杂性,加之作者水平有限,还需要进一步深入研究,书中的错误和不足在所难免,希望读者不吝赐教。

李建贵

2014 年 10 月 19 日于新疆农业大学

目　　录

第一章　骏枣花果生长特性

第一节　枣花花芽分化

花是植物体极为重要的器官之一，而花芽分化是植物生长发育中一个十分重要的阶段，花芽分化的数量和质量直接影响果树的产量。果树花芽分化是果树枝条上的芽从营养生长状态转化为生殖生长状态的过程，大致可分为 5 个阶段，即：分化初期、萼片分化期、花瓣分化期、雄蕊分化期和雌蕊分化期。

探讨分化的时间概念，包括何时开始分化、何时分化最多、何时停止分化以及形成一个花芽所要的时间等，是研究分化规律的主要内容之一。大多数果树的花芽分化期并非绝对集中于短时期内，而是相对集中但又相对分散，是分期分批陆续分化形成的。这一规律与果树着生花芽的新稍在不同时间分期分批停止生长，以及停止生长后各类新稍又处于不同的内外条件下有密切关系。

枣树花芽分化与其他果树不同，枣花具有当年分化、随生长分化、分化速度快、单花分化期短、花序分化时期不一、全树分化期持续时间长等特点。枣花芽分化过程，从形态上可分为以下六个时期：分化期、花芽分化期、萼片期、花瓣期、雄蕊期和雌蕊期。单花分化需时 6d 左右，单花序分化需时 6～20d，一个枣吊的分化历时 1 个月左右，单株枣树的分化时间长达 2～3 个月。

枣树单花开放时间短，全树花期长。每朵花开放要经过 7 个阶段，即蕾裂(花蕾 5 个抱合的萼片间出现裂缝，萼片分离)→初开→半开→瓣立→瓣平→花丝(雄蕊)外展→瓣萼凋萎。从蕾裂到花丝外展需 18～24h，柱头接受花粉的时间只需30～36h，到柱萎(瓣萼凋萎)也只有 30～36h。但从整株来看，从 5 月下旬始花至 6 月下旬末花，主要花期 40d 左右，加上当年生枣头开花较晚，还要延续 20d，所以一棵枣树的花期可长达 60～70d(图 1-1)。

图 1-1 骏枣花发育过程(见图版)

A 蕾裂；B 瓣平；C 花丝外展

一、材料与方法

供试材料为 2004 年春季嫁接的 8 年生骏枣(*Zizyphusjujuba* Mill cv.Junzao)树，砧木为 2003 年直播的酸枣苗。试验地点为阿克苏地区红旗坡农场，地理坐标为 41°17'N、80°18'E。

阿克苏地区红旗坡农场自然地理条件：位于新疆天山南麓、塔里木盆地北缘，属暖温带干旱气候地区，降雨量少，蒸发量大，气候干燥，地势平坦，土层深厚，光热资源丰富。年平均太阳总辐射量 544.115～590.156kJ/cm^2，年日照 2855～2967h，无霜期为 205～219d，年降雨量 42.4～94.4mm。试验区年平均气温 7.9～11.2℃，年有效积温为 3950℃，生长季(4～10月)平均气温 16.7～19.8℃。0～80cm 土层为砂土，80～140cm 土层为黏土，140cm 以下为砂土，土壤容重为 1.5g/cm^3，平均土壤田间持水量为 20%(*V/V*)。试验地土壤为沙质土，0～20cm 土壤养分状况为：碱解 N11.48mg/kg，速效 P9.8mg/kg，pH8.18。

(一)枣花期物候观测

主要观察记录枣树的萌芽、展叶、现蕾、初花、盛花、末花、坐果等物候。采用定株观测的方法，选择树势中庸、无病虫害、管理水平一致的 5 株骏枣树作为标准株，于树冠中下部悬挂温、湿度计，结合多株调查对比，记录各时期所需时间，同时记录光照、温度、湿度变化状况，细分物候期。

物候期记载标准：5%的芽体伸长达 1mm 为萌芽期；10%的枣吊基部第一片叶展平为展叶期；5%的结果枝开花为始花期；50%的结果枝平均开花 4～6 朵为盛花期；开花数约占总数的 75%为末花期。

(二)枣吊花序开花规律观察

枣树萌芽开始后，在每标准株上选取东、南、西、北四个方向，长势一致的二次枝各一个，每标准株共 4 个二次枝作为标准枝，每标准枝选取着生在不同枣股上且位置不同的 3 个枣吊作为标准枣吊，挂牌标记。从标准枣吊基部开始，顺序向上逐节观察开花动态，记载枣吊不同节位上着生的花序现蕾、开花等动态变化。每 5d 观测 1 次。

二、结果分析

(一)骏枣物候期

根据观察，试验区骏枣 4 月中旬开始萌芽，4 月底展叶，5 月 25 日进入始花期，单花开放需时 5d 左右，花序开放需时 15d 以上，6 月上旬进入盛花期并且开始结果，6 月底进入末期期，末花期持续时间很长，直至 7 月末或 8 月初依旧有枣花开放，花期持续 70d。具体物候期见表 1-1。

表 1-1 骏枣物候期(阿克苏，2012 年)

栽培品种	物候期(月/日)						
	萌芽	展叶	现蕾	始花	盛花	末花	结果
骏枣	4/15	4/24	5/10	5/25	6/9	6/29	6/9

田间观察结合气象站监测，对骏枣物候期小结如下：春季旬均温达到 14.6℃时，枣树枣股上芽体首先萌动；嫩枝随芽体生长，旬均温 18.3℃时叶片展开；旬均温 22.3℃时进入始花期，阿克苏地区枣花适宜开花温度为 22℃。

(二)骏枣开花规律

枣吊伸长生长集中在始花期前，花蕾形成随着枣吊生长一起进行。枣为聚伞花序，在枣吊叶腋间着生花序，花序中心花为零级花，其基部两侧各产生 1 朵一级花，每朵一级花基部两侧又可产生二级花，三级花及多级花，依次分化形成单花序，单花序可着生 1～15 朵不等的花朵。花序开放顺序为中心的零级花先分化，然后依次为一级花、二级花等多级花。

枣吊平均长 24.6cm，平均节位 12 节；最长的枣吊长约 47cm，节位 18 节。当枣吊快速伸长生长期结束时，即枣吊生长至 15cm 以上时，具有 5 节位以上的枣吊基部叶腋间 1～3 节位的零级花先开放，随即进入始花期。始花期多数为零级花开放，一级花开放数较少，当枣吊中部 3～7 节位上二级花陆续开放时进入盛花期；二级花、三级花开放完毕，当枣吊末端节位三级花等多级花开放时进入末花期。在同一枣吊上，中部节位着生的花蕾数最多，基部和尾部花序着生的花蕾数逐渐减少。

对 60 个枣吊不同节位的 4357 朵花的观察统计：在一个枣吊中，基部 1 节或 2 节位花序着生的花蕾数少但开花早，一般着生 5 朵花以下；中部节位 3～10 节花序着生的花蕾数最多，每节位 5～15 朵花；10 节位后花序着生的花蕾数逐渐减少，每节位 0～2 朵花，且开花晚，最后节位基本无花朵。一个枣吊最少着生 43 朵花，最多着生 139 朵花。着生在花序中间的零级花出现花蕾早、分化早、开花早；着生在零级花周围的一级花、二级花和多级花在零级花开放过程中顺次分化、开花。一、二级花数量较多，可超过 10 朵，三级以后的多级花很少，只有 3 朵左右，一般在多级花开放过程中，早开放的一级花已坐果。同一花序中，从零级花开放至最后一朵花坐果或脱落，时间相差在 15d 左右。

通过对多年生枣股上单个枣吊的持续观察，得出枣吊节位上着生的花蕾数、开花数日变化关系(图 1-2)。由图可看出,该枣吊花期是 54d,花蕾数量由现蕾之日至始花期开始逐渐增加,5 月 28 日枣吊上花蕾数最多,达到 41 朵。随着花蕾分化,开花数逐渐增加,6 月 9～12 日(盛花期)开花数每日均在 30 朵以上,花蕾数明显减少。盛花末期枣吊上开花数和花蕾数均开始缓慢减少直至花期结束。

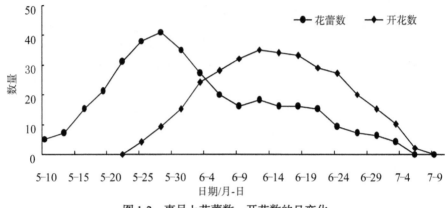

图 1-2　枣吊上花蕾数、开花数的日变化

第二节　枣花落花规律

落花是指植物发育过程中,生理原因或受到外界不良环境导致花柄形成离层,而引起花朵非正常脱落的现象。落花分为生理落花和非生理落花。生理落花是指由于植物体本身的生理失衡所引起的花朵非正常脱落的现象。非生理落花是指外界环境如病虫害、大风、连续降雨等外力因素所造成的落花现象。第一次枣花脱落在盛花期后 9d 左右,第二次在末花期。最大的落花高峰大约在 6 月中下旬至 7月上旬,这时落花量约占落花总量的 50%以上。在多年生枣股产生的枣吊上,未能坐果的花都会在开花后 5～15d 脱落。因此,落花从始花后 10d 开始,两次高峰后落花缓慢减少直至花期结束。

一、材料与方法

(一)材料

供试材料为 2004 年春季嫁接的 8 年生骏枣树,砧木为 2003 年直播的酸枣苗。试验地点为阿克苏地区红旗坡农场,地理坐标为 41°17′N、80°18′E。

(二)落花规律调查方法

每标准株用纱网隔开,从第一朵枣花开放时起,至最后一朵枣花脱落,每日定株统计落花数和坐果数，计算落花率和坐果率。其中，落花率(%)=落花数/(落花数+落果数+坐果数)×100%，坐果率(%)=坐果数/(落花数+落果数+坐果数)×100%。

落花日变化调查：于 6 月中旬(盛花末期)，对标准株从早 10：00 到晚22：00 连续观测 3 天，每2h统计一次落花数，统计不同时间段落花率。

树体不同方位落花调查：在标准株上，选择东、南、西、北 4 个方位着生在不同枣股上的枣吊 40 个，统计花蕾数、开花数、坐果数，计算落花率。

枣吊落花规律调查：于始花期前随机标记生长一致、节位数相同的 60 个枣吊作为标准吊。每日统计花蕾数、开花数、坐果数，计算落花率。

花序落花规律调查：于标准吊上观察每节位叶腋间单花序上零级花、一级花、二级花、多级花的开花动态、坐果动态和落花动态。计算各级花的坐果情况。

二、结果分析

(一)骏枣落花日变化规律

通过枣树花期观察可知，枣树落花规律大致呈双峰曲线。第一次高峰出现在 6 月 17 日(盛花期后第 9d)，第二次出现在 6 月 25 日并持续一周(末花期)。

枣落花从始花后的第 10d 开始，持续时间较长。6 月 3 日起开始落花，至 6月 11 日前落花数变化不明显。6 月 11 日之后，落花数急剧增多，6 月 11~17 日的日均落花数达到 433 朵。落花高峰期于始花后 3 周开始，在盛花开始后一周(6月 17 日)出现第一次落花高峰，落花数为 649 朵，此后落花数小幅下落至 6 月 21日的 529 朵，但在其后落花数又开始继续增长，至 6 月 27 日达到第二个落花高峰，高峰期(6 月 25 日~29 日)平均日落花数为 639 朵。第二个高峰过后，落花数开始逐渐下降至 7 月 11 日，单日落花数 140 朵。虽然在 7 月 13 日和 7 月 19 日落花数出现小幅增长，但涨幅不多，其后又继续减少，直至 8 月 10 日不再落花。总落花数统计为 15 323 朵。6 月 16 日至 7 月 1 日，15d 内落花 9608 朵，占总落花数的62.7%。

由花序开花规律可以得出，零级花开花最早，应先坐果。但根据落花周期变化可看出一级花开放时基本无果，说明零级花均脱落，落花率近 100%；盛花期后坐果数增加，均由一级花和二级花发育而成；末花期坐果率低，三级花等多级花落花率高。该结论可为在生产实践中疏蕾提供理论依据。疏蕾时疏去花序中还未分化的零级花、三级花及三级花之后的多级花，为一级花和二级花提供更多营养，进而提高坐果率。

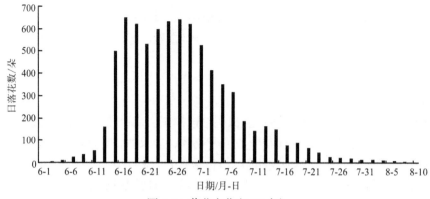

图 1-3　落花变化(2012 年)

(二)骏枣落花时间段变化规律

由图 1-4 可知,在不同观察时间段,枣树的落花数有差异。早上 10:00 至晚上 22:00,落花数逐渐增多(早晨 10:00 的落花数统计的是一夜的落花数,所以较高)在 20:00 至 22:00 之间,落花速度为 40 朵/h,达到了一天中的最高值。6 月 16 日、6 月 17 日、6 月 18 日夜间晚 22:00 到早 10:00,12h 落花数分别为 463 朵、309 朵、347 朵,夜晚平均落花为 373 朵,落花速度为 38 朵/h。6 月 17 日、6 月 18 日、6 月 19 日从早 10:00 到晚 22:00,12h 内落花数分别为 246 朵、265 朵、316 朵,白天平均落花数为 275.7 朵,落花速度为 23 朵/h。夜晚落花数比白天落花数多。

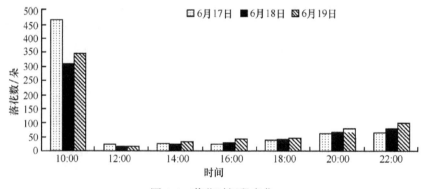

图 1-4　落花时间段变化

(三)骏枣树体不同方位落花规律

枣树不同方位落花数的统计结果见表 1-2,西面落花数最多,依次是南面、北面、东面,但西面落花率却为最低,是 75.51%;东面的落花数最少,但其落花率最高，达到84.24%，原因是西面枣吊节位数最多，着生花蕾量多，故开花数远多于东面。总体来说，西面和南面的各观察值较为接近，东面和北面的值较为接近。

表 1-2 树体不同方位落花率

方位	落花数(朵)	落花率(%)
东	401	84.24
南	420	77.49
西	441	75.51
北	412	82.73

(四)枣吊落花规律

通过对多年生枣股上一个枣吊的持续观察，落花数的日变化规律如图 1-5，结合图 1-2 中枣吊节位上着生花蕾数、开花数的日变化关系得出落花规律。截止到7月21日落花结束，该枣吊总开花数为79朵，其中落花数64朵,落花率81.01%。最终发育成幼果的只有 15 个，坐果率仅为 18.99%。由图 1-2 和 1-5 可看出，落花从始花后第 10d 开始，当开花数量逐渐增多时，落花数也在缓慢增加，至始花后第 4 周(即 6 月 11 日)开始落花明显，第 5 周达到落花高峰。

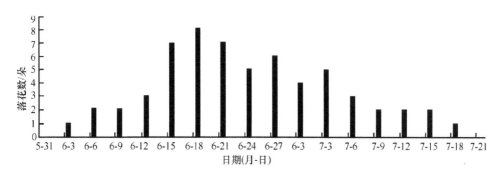

图 1-5 枣吊落花日变化

枣吊中坐果多发生在枣吊的中部第 4~9 节位之间，第 3、10、11 节位坐果数次之，第 1、2 节位及 11 节位后基本无坐果。

(五)落花率与气象因子

有研究认为落花主要原因是枣在花期易受不良气候影响，加之花芽分化、花朵开放、枣吊生长和枣头抽生等物候期重叠，养分供需矛盾突出，体内激素分布不均等问题，加剧了花果的脱落，却没有通过相关试验进行机理方面的研究。本次试验通过每日落花数与气象因子相关性分析得出，落花率与气象因子有正相关性。

对6月、7月和8月枣树的落花数与气象因子(大气温度、最高温度、最低温度、空气湿度、雨量、太阳辐射等)进行了相关性分析。6月枣树落花率与气象因子均呈正相关关系，但都未达显著性水平(表1-3)。

表1-3 6月落花率与气象因子的相关性

因子	大气温度	最高温度	最低温度	空气湿度	雨量	太阳辐射	落花率
大气温度	1						
最高温度	0.93**	1					
最低温度	0.59*	0.37	1				
空气湿度	− 0.62*	− 0.56*	− 0.2	1			
雨量	− 0.26	− 0.3	0.13	0.54*	1		
太阳辐射	0.47	0.60*	− 0.3	− 0.17	− 0.37	1	
落花率	0.4	0.42	0.36	0.31	0.3	0.33	1

注：*表示在5%的显著性水平下显著；**表示在1%的显著性水平下显著。

7月枣落花率与大气温度、最高温度、最低温度和太阳辐射均呈正相关关系，其中与太阳辐射呈极显著正相关，相关系数为0.67(表1-4)。与大气温度和最高温度呈显著相关，相关系数分别为0.59、0.56。与空气湿度、雨量呈负相关关系，其中与空气湿度呈极显著负相关，相关系数为 − 0.70。7月正处在夏季高温天气，太阳辐射和温度均高于6月和8月，故落花率较高。

表1-4 7月落花率与气象因子的相关性

因子	大气温度	最高温度	最低温度	空气湿度	雨量	太阳辐射	落花率
大气温度	1						
最高温度	0.95**	1					
最低温度	0.50*	0.32	1				
空气湿度	− 0.94**	− 0.91**	− 0.34	1			
雨量	− 0.52*	− 0.69**	0.03	0.49*	1		
太阳辐射	0.83**	0.85**	0.02	− 0.87**	− 0.61**	1	
落花率	0.59*	0.56*	0.13	− 0.70**	− 0.28	0.67**	1

注：*表示在5%的显著性水平下显著；**表示在1%的显著性水平下显著。

8月枣落花率与太阳辐射呈显著正相关，相关系数为0.83(表1-5)。落花率与大气温度、最高温度、最低温度、空气湿度均呈负相关，其中与最高温度呈极显著负相关，相关系数为 − 0.95，与大气温度呈显著负相关，相关系数为 − 0.87。

表 1-5　8 月落花率与气象因子的相关性

因子	大气温度	最高温度	最低温度	空气湿度	雨量	太阳辐射	落花率
大气温度	1						
最高温度	0.93**	1					
最低温度	0.57	0.29	1				
空气湿度	−0.1	−0.12	0.39	1			
雨量	0	0	0	0	1		
太阳辐射	−0.95**	−0.95**	−0.37	0.3	0	1	
落花率	−0.87*	−0.95**	−0.37	−0.21	0	0.83*	1

注：*表示在 5%的显著性水平下显著；**表示在 1%的显著性水平下显著。

比较 6 月、7 月和 8 月落花率与气象因子的相关性可以发现，8 月落花率与温度因子（大气温度、最高温度、最低温度）呈负相关，与对应的 6 月、7 月的正相关截然相反。可能与 8 月处于果实膨大期，吸收营养较多，花因缺乏营养而脱落有关。养分成为影响落花的主要因素，与气象因子实际关联度不大。

花期落花率与气象因子相关性分析（表 1-6）。落花率与大气温度、最高温度、最低温度和太阳辐射均呈正相关，但都没有达到显著水平，落花率与空气湿度和雨量呈负相关关系。表明高温和强日照可导致落花增多，而高湿度可抑制落花。

表 1-6　花期落花与气象因子的相关性

因子	大气温度	最高温度	最低温度	空气湿度	雨量	太阳辐射	落花率
大气温度	1						
最高温度	0.91**	1					
最低温度	0.57**	0.31	1				
空气湿度	−0.72**	−0.75**	−0.19	1			
雨量	−0.35*	−0.59**	0.17	0.48**	1		
太阳辐射	0.72**	0.72**	−0.01	−0.50**	−0.48**	1	
落花率	0.29	0.3	0.24	−0.24	−0.03	0.16	1

注：*表示在 5%的显著性水平下显著；**表示在 1%的显著性水平下显著。

第三节　枣吊发育规律

枣吊，又称脱落性枝、落性枝、二型枝，俗称"枣门"、"枣串"等，相当于其他果树的结果枝，具有结果和进行光合作用的双重作用，以 1/2 叶序单轴生长，叶片呈二列状，平面分布在枝的两侧。枣吊是枣树结果的基本单位，因此了解和掌握枣吊的生长与结果习性，对提高枣产量和果实品质，保证丰产、稳产具有重要的生产意义。

枣吊主要着生于枣股上，枣吊多数是由枣股副芽形成的。在当年生枣头一次枝的基部和二次枝的各节上也能抽生枣吊，大部分枣吊能开花结果。枣吊在枣股上呈螺旋状排列，每个枣吊的基部左右和稍下方各有一鳞片，共 3 片，可认为是托叶。枣吊长度因品种、树龄和着生部位等不同差别很大。枣吊分节，一般具有 10～18 节，长约 10～34cm，个别可长达 40cm 以上。每节着生一个叶片，在同一个枣吊上，以 4～8 节的叶片最大，3～7 节结果最多。

一、材料与方法

枣吊生长发育动态观察：采用定枝、定吊观测方法，于枣树萌芽始期在每标准株上按照东、南、西、北四个方向，选取长势一致的二次枝，每株标准株共 4 个二次枝作为标准枝，每标准枝选取着生不同位置的 3 个枣吊作为标准枣吊，挂牌标记，观察枣吊生长及枣吊节位生长发育动态，每 5d 观测 1 次。

二、结果分析

(一)枣吊生长观察

从图 1-6 可看出，4 月 18 日枣树萌芽时，枣吊开始生长，至 5 月 5 日枣吊长度达到 10cm，5 月 20 日枣吊平均长度超过 20cm，至 5 月 23 日一直处于快速生长期，5 月 8 日至 5 月 13 日枣吊生长速率最高，之后枣吊伸长生长速度渐趋缓慢，至 6 月 22 日枣吊停止伸长生长，伸长生长期达 66d 左右。进入 7 月份后，遇雨水过多或偏施 N 肥，个别枣吊常出现二次延长生长的现象。

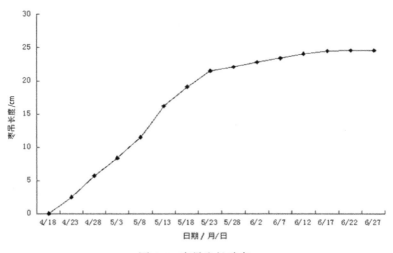

图 1-6　枣吊生长动态

由实验数据统计出枣吊平均长度 24.6cm，最长枣吊长度可达 47cm，最短枣吊长度约 17cm，最长枣吊和最短枣吊相差达 30cm

(二)枣吊节位生长发育

随着枣吊的伸长，枣吊上节位数逐节增多，当枣吊达到 10cm 以上时，枣吊节位数达到 5 节；20cm 以上的枣吊，节位数多为 11 节以上；当枣吊长度达到 30cm 以上时，枣吊节位数达到最大值(见图 1-7)。节位数最多可达 22 节，最少 8 节，平均节位数为 12 节。

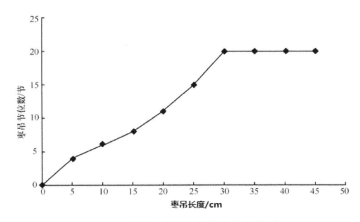

图 1-7　枣吊长度与枣吊节位数的关系

(三)枣不同方位枣吊生长规律

树体的西、南方位枣吊长度和节数较北、东方位的要高，树体西面枣吊平均长度最长达到 28.4cm；枣吊平均节数也最多，为 14.2 节；而东方位的枣吊长度和节位数最少(表 1-7)。其原因或与光照时间有关，阿克苏地理坐标为 41°17'N、80°18'E，树体的西、南方位接受的光照时数较多。

表 1-7　树体不同方位枣吊长度与节位数比较

方位	枣吊数(个)	枣吊平均长度(cm)	枣吊平均节位数(个)
东	10	20.4	9.9
南	10	27.7	13.9
西	10	28.4	14.2
北	10	23.5	10.1

第四节　枣果发育动态

一、材料与方法

试验于 2011、2012 年 4~10 月在新疆阿克苏地区红旗坡农场农业科技示范园进行，以 8 年生树势中庸的骏枣为试材，骏枣为嫁接繁殖，砧木为酸枣，矮化密植，株行距 1.5m×2m，单株小区，完全随机区组设计。

(一)枣果皮组织结构特征

花期结束 10d 起，每隔 15d 在样株树上取枣果 10 个，将果实用自来水冲洗干净、擦干，每个果实的果蒂、赤道部和果顶分别切取外果皮若干小块，置 FAA 固定液中，真空泵抽气 15min，放入 4℃冰箱中，24h 后转至室温保存。常规石蜡法制片，切片厚度 10μm，番红-固绿对染，中性树胶封片。采用 Olympus 自动显微装置进行细胞层数和细胞大小的观测，每张切片观测 5 个视野，共观测 30 个视野，取其平均值。

(二)枣果实生长发育动态

选择花期一致的骏枣果实挂好标牌，花期结束第 10d 开始从树体的东、西、南、北、内膛进行随机取果，每隔 10d 取一次样，每次选 10~15 个大小相近的枣果(随着枣果的生长发育，采果数量进行适当的调整)。用游标卡尺测定每个枣果的纵径和横径，用电子天平称量每个枣果的重量，取平均值。以时间(花期结束后天数)为横坐标，骏枣果实的纵径、横径、单果重为纵坐标，绘制其动态曲线。

(三)枣果发育学特性

选 6 月 5 日开花，6 月 25 日开花和 7 月 15 日开花的骏枣样株各 3 株，从树体的东、西、南、北、内膛选取花期一致的花序 100 个并做标记，花期结束 10d 起，每 7d 对做标记的枣果进行观察和测定相关指标，期间如有脱落，则选与之大小相近且着生在同一花序的果实替代。

花期结束 10d 起至果实成熟，每株骏枣按照随机原则从标记的枣果中，选定 40 个果实，其中 20 个用游标卡尺测量果实纵横径，其余 20 个果实进行鲜重的测定，并绘制其生长动态发育曲线。

(四)不同花期骏枣枣果内源激素含量变化

选 6 月 5 日开花, 6 月 25 日和 7 月 15 日开花的骏枣样株各 3 株, 从树体的东、西、南、北、内膛选取花期一致的花序 100 个并作标记, 每 7d 每个样株选定枣果 10 个, 置于冰盒中及时带回实验室, 预处理后测定内源激素含量。

(五)不同花期枣果中大量元素与主要中微量元素含量测定

花期结束 42d 开始采样, 每棵样株上选取大小一致的果实 30 个, 每 21d 取一次样, 置于冰盒中立即带回实验室。去离子水清洗 3 次, 将果实切分为果皮和果实两部分, 不锈钢刀切成薄片, 105℃烘箱中杀青 15min, 再置于 60~65℃烘箱中烘干, 冷却后用粉碎机粉碎, 于塑料瓶中密封保存备用。测定不同花期枣果中全 N、全 P、全 K、Ca、Mg、Zn、Fe、Cu 的含量。

全 N 采用凯氏定 N 法测定, P 用矾钼黄比色法测定, K 用火焰光度法测定。

单元素标准液配制, Ca, Mg, Zn, Fe 使用浓度均为 100μg/ml, Cu 浓度为 20μg/ml。根据各标准系列工作液吸光度, 由计算机制作标准曲线, 同时算出回归方程和相关系数(表 1-8)。

表 1-8 标准曲线

元素名称	回归方程	相关系数
Ca	$y = 0.01450x + 0.00840$	0.9923
Mg	$y = 0.68070x + 0.00872$	0.9978
Zn	$y = 0.2754x + 0.19750$	0.9947
Fe	$y = 0.0064x + 0.01260$	0.9805
Cu	$y = 0.0821x + 0.07720$	0.9959

二、结果分析

(一)骏枣果皮组织结构特征

骏枣果实果皮可分为内果皮、中果皮和外果皮三部分。

外果皮由外及内分别由蜡质层、角质层、表皮细胞和亚表皮细胞组成(图 1-8 A), 主要由厚的木质化细胞壁细胞构成。蜡质层分布于果实外表皮的最外层, 颜色透明; 角质层分布在蜡质层之内, 角质层为一层分布均匀的长方形细胞, 排列致密; 表皮和亚表皮细胞有 2~4 层, 细胞排列较紧密, 大多呈长矩形或长卵圆形, 细胞面积相较于角质层较大。

　　亚表皮细胞是外果皮与中果皮的过渡层，外果皮和中果皮相连紧密，难以区分；中果皮即果实的可食用部分，又称为果肉。果肉细胞(图版 1-8 B)均比外果皮的细胞大，形状各异，排列松散。远离表皮层下部的果肉部位，胞间存在许多大小不等的空腔，且越向内空腔越大，甚至许多细胞排列成网状，围成一个大的空腔，果肉细胞间零星分布有维管束(图版 1-8 B)。

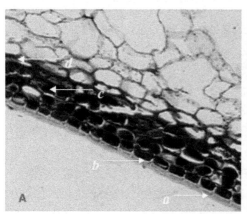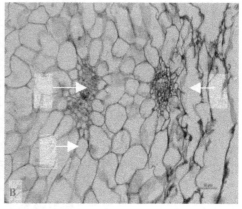

图 1-8　枣果皮组织结构(见图版)

A.a 蜡质层，b 角质层，c 表皮细胞，d 亚表皮细胞；B.a 维管束，b 果肉细胞，c 空腔

(二)枣果的生长发育动态

　　图 1-9 可以看出，骏枣果实从盛花期至成熟需要 100 d 左右，枣果生长发育整个过程中其纵径、横径有相同的变化规律，即呈现慢 – 快 – 慢 – 快 – 慢的趋势，均呈现双 S 型变化曲线。骏枣果实生长发育过程中，盛花期后 40 d 之前，纵径和

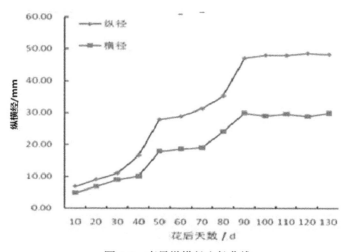

图 1-9　枣果纵横径生长曲线

横径均缓慢增长，纵径略大于横径；盛花后 40-90 d，纵径和横径都先快速增长然后平稳增长最后再快速生长，但是纵径增长速度远大于横径，盛花后 50 d 出现第一个果实生长发育高峰期，纵径达到 27.80 mm,横径达到 17.82 mm;盛花后 90-110 d，纵横径基本保持不变，直至骏枣果实成熟，其中在第 90 d 出现第二个果实生长发育高峰期，纵径、横径分别是 47.06 mm 和 29.86 mm。

图 1-10 表明，骏枣果实单果重的变化曲线在幼果期至果实成熟期 100 d 左右阶段里呈双 S 型；盛花期前 30d 单果重增长缓慢，基本保持不变；盛花后 40-90 d 单果重急剧上升，生长速度迅速；90d 之后(脆熟期后期至完熟期)生长速度整体呈下降趋势。单果重在花后 110 d 达到最大值为 25.240 g。

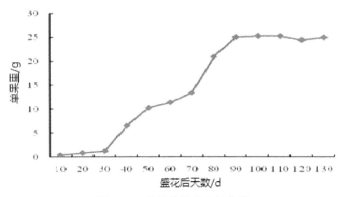

图 1-10 枣果单果重生长曲线

表 1-9 表明，纵径和横径之间存在显著正相关关系；单果重与纵径、单果重与横径之间也存在着显著正相关关系。

表 1-9 枣果纵径、横径、单果重的相关性分析

名称	纵径与单果重	横径与单果重	纵径与横径
相关系数 r	0.96**	0.97**	0.99**

注：*表示在 5%的显著性水平下显著；**表示在 1%的显著性水平下显著。

(三)枣果发育学特性

不同开花期骏枣果实的累积生长率变化(图 1-11)研究发现，不同开花时间坐果的枣果生长发育整个过程中其纵径、横径和单果重趋势相同，即呈现慢 – 快 – 慢 – 快 – 慢双 S 型变化曲线，可分为 3 个时期：Ⅰ第 1 次膨大期，Ⅱ缓慢生长期，Ⅲ第 2 次膨大生长及成熟期。

枣果从开花至完全发育成熟所需时间长短不同，早花枣果需要 112d，第Ⅰ期在花期结束后 14～49d，约 35d，第Ⅱ期在花期结束后 49～77d，约 28d，第Ⅲ期在花期结束后 77～112d, 约 35d; 正常花枣果需要 91d, 第 I 期在花期结束后 14～42d, 约 28d, 第 II 期在花期结束后 42～70d, 约 28d, 第 III 期在花期结束后 70～91d, 约 21d; 晚花枣果需要 84d, 第 I 期在花期结束后 14～28d, 约 14d, 第 II 期在花期结束后 28～63d, 约 36d, 第 III 期在花期结束后 63～84d, 约 21d。早花枣果开花时间比正常花枣果、晚花枣果早 28d、35d, 成熟时间提前 21d、28d。

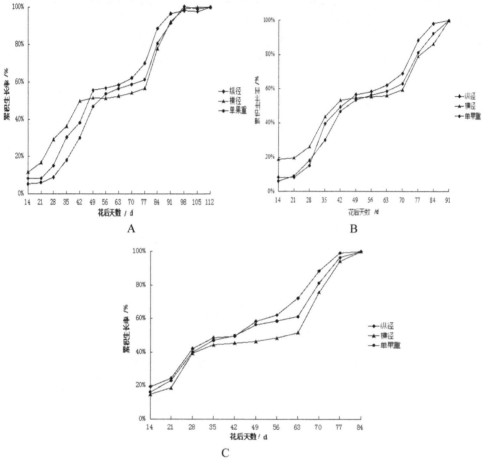

图 1-11 不同花期枣果纵横径、单果重累积生长率的变化

A 早花果；B 正常花果；C 晚花果

从枣果累积生长率看, 不同花期果实主要差别体现在果实生长的第 I 期和第 II 期, 第 II 期生长速率明显低于另外两个时期, 可见枣果缓慢增长期是果实生长的关键时期。不同开花时期的枣果其发育至成熟所需天数不同, 主要取决于第 II 期占据时间的多少, 早花、正常花期枣果第 II 期生长持续时间长, 晚花果持续时间短。

从发育期枣果鲜重来看, 早花枣果始终显著大于正常花枣果和晚花枣果, 表明果实发育 I 期发育天数的长短决定果实大小。因此在枣园田间管理上要注意养分及时供给。

果实开始生长时，细胞分裂占据主导地位，即细胞分裂期。不同树种的果实细胞分裂期是不同的。根据徐绍颖对不同树种果实花期结束后细胞分裂时间的研究，枣花期结束后细胞分裂时间为 3~4 周（徐绍颖，1987）。从花期结束后 50d 开始，细胞膨大在果实的增大中占最重要的地位，即细胞膨大期（关军峰，2008）。细胞分裂期细胞的增长缓慢，果实增长也慢；细胞分裂一旦停止，细胞体积迅速增长，从而果实各个部分出现增长的高峰，并且细胞分裂期较细胞膨大期持续的时间要短得多。

(四)不同花期枣果内源激素含量变化

果实的生长发育和大小受多种因素控制，果实大小与果实组织、其他器官之间密切相关，ABA（脱落酸）和 GA_3（赤霉素）+IAA（生长素）+ZT（玉米素）不是果实生长的营养物质，但它们共同刺激了果实膨大，促使代谢活动加快从而促进了果实的生长发育。大量研究表明，细胞分裂素类生长促进物质参与细胞分裂和膨大过程，高水平的 ABA 含量对果实生长具有抑制作用。

1. 枣内源激素 GA_3 含量变化

由图 1-12 所示，3 种不同花期枣果 GA_3 含量动态变化趋势相似，对应于枣果生长发育变化的 3 个时期，枣果发育第 I 期 GA_3 含量迅速上升，第 II 期 GA_3 含量先快速降低后缓慢升高，第 III 期 GA_3 含量先逐渐增加后缓慢下降。GA_3 出现的两个高峰值差异明显，分别出现在果实发育的第 I 期和第 II 期末。早花枣果在花期结束后 49d、77d 达到高峰值，GA_3 含量分别为 603.62ng/g（FW）、423.40ng/g（FW）；

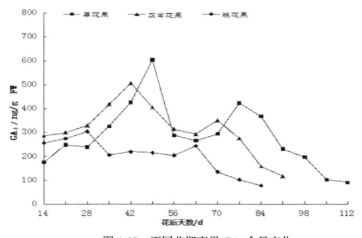

图 1-12　不同花期枣果 GA_3 含量变化

正常花枣果在花期结束后 42d、70d 达到高峰值，GA3 含量分别为 505.92ng/g(FW)、349.67ng/g(FW)；晚花枣果在花期结束后 28d、63d 达到高峰值，GA3 含量分别为 303.74ng/g(FW)、243.85ng/g(FW)。花期结束后 28d，相比晚花枣果，早花枣果和正常花枣果 GA3 含量在大部分时间内保持较高水平，表明晚花枣果偏小与 GA3 含量降低密切相关。

2. 枣果内源激素 IAA 含量变化

由图 1-13 可知，3 种不同花期的枣果 IAA 含量变化趋势大致相同：总体下降的过程中都有 2 次波动，两次波动(提高)的峰值都在第 I 期和第 II 期末，以早花枣果和正常花枣果最明显。早花枣果 IAA 含量在花期结束后 49d、77d 达到高峰值，IAA 含量分别为 242.39ng/g(FW)、222.78ng/g(FW)；正常花枣果在花期结束后 42d、70d 达到高峰值，IAA 含量分别为 231.39ng/g(FW)、213.03ng/g(FW)；晚花枣果在花期结束后 28d、63d 达到高峰值，IAA 含量分别为 204.04ng/g(FW)、168.01ng/g(FW)。在三种花期的枣果发育过程中，晚花枣果 IAA 含量一直保持较低的水平。

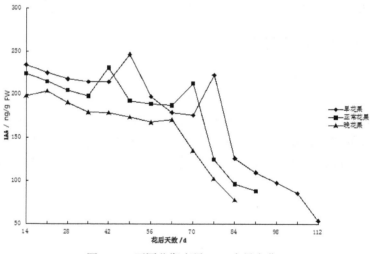

图 1-13　不同花期枣果 IAA 含量变化

3. 枣果内源激素 ZT 含量变化

由图 1-14 可知，早花枣果 ZT 含量在花期结束后 14～49d 波动上升，第 49d 达到峰值，含量为 129.03ng/gFW，此后开始持续下降，花期结束后 77d 出现一个小峰值(112.89ng/gFW)；正常花枣果和晚花枣果 ZT 呈现类似的变化趋势，两次小高峰出现时间分别是花期结束后 35d(107.60ng/gFW)、70d(96.18ng/gFW)和

28d(103.89ng/gFW)、56d(98.74ng/gFW)。在整个枣果实发育过程中，晚花果 ZT 含量偏低，表明枣果不同发育期 ZT 含量多寡与果实大小有一定相关性。由于 ZT 作为细胞分裂素(CTK)的多种存在形式之一，不同成分的细胞分裂素(CTK)亦在不同时期发挥各异的生理作用，所以第二次生理落果除了枣果成熟期 ABA 急剧增加外，还与细胞分裂素(CTK)组分差异有关。

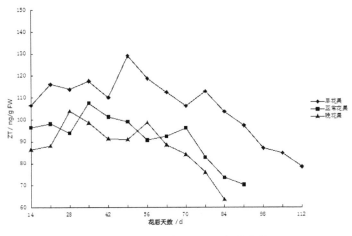

图 1-14　不同花期枣果 ZT 含量变化

4. 枣果内源激素 ABA 含量变化

从图 1-15 可见，在枣果生长发育过程中，3 种花期枣果 ABA 含量变化趋势一致：临近枣果成熟前都有一个峰值，前期缓慢上升，完全成熟前逐渐下降。早花枣果、正常花枣果和晚花枣果 ABA 含量峰值出现的时间分别是 91d, 77d, 70d, ABA 含量分别为 445.03ng/gFW、434.25ng/gFW、387.76ng/gFW，晚花枣果明显高于正常花枣果、早花枣果，并一直处于较高水平，由此说明高水平的脱落酸促进枣果提前进入成熟期,造成不同花期枣果生长发育时间长短不一致,间接影响枣果的大小。

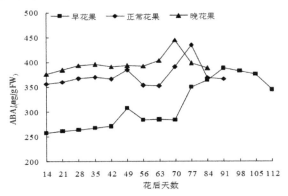

图 1-15　不同花期枣果 ABA 含量变化

有研究表明油梨(邓月娥等，1995)、'怀枝'荔枝(徐昌杰，2001)果实大小与ABA含量呈负相关，小果的形成是由于其细胞分裂受限制，且细胞数量的减少与果实中ABA含量升高有关。本研究与上述结果较一致，早花大果和正常花大果ABA含量小于晚花小果。

早花枣果中的ABA含量明显低于晚花枣果，但生产中早花果的坐果率明显低于晚花果，这样就与一般认为的ABA含量与坐果率有明显负相关的结果相矛盾。果实中CTK/ABA的平衡与果实大小的性状形成有关，高CTK/ABA比例有利于大果性状无核果实后期发育，因此有关果实发育的激素调控模式还有待更为深入和全面的研究。

5. 枣果内源激素平衡比例变化

从图1-16可以看出，早花枣果、正常花枣果和晚花枣果ABA/(GA₃+IAA+ZT)值变化规律相似：总体呈现阶梯式上升的趋势；枣果发育第Ⅰ期即第一次果实膨大期，ABA/(GA₃+IAA+ZT)值缓慢下降；第Ⅱ期即果实缓慢增长期，ABA/(GA₃+IAA+ZT)值平缓上升；第Ⅲ期即第二次果实膨大期，ABA/(GA₃+IAA+ZT)值呈指数上升，至果实完全成熟，比值都达到最高峰。在枣果整个发育过程中，3种枣果内源激素比值大小依次为晚花枣果>正常花枣果>早花枣果，此三类枣果内源激素最高时的比值为1.54(早花枣果)、1.33(正常花枣果)、1.77(晚花枣果)。结合枣果的生长发育变化趋势看，GA₃、IAA、ZT类内源激素有利于果实细胞分裂，果实膨大；而ABA则会抑制果实膨大，加速果实成熟。因此可以认为生长促进类物质(GA₃+IAA+ZT)和生长抑制类物质(ABA)的彼此消长在枣果不同发育阶段影响着果实的生长发育，决定枣果的发育时间长短和果实大小。

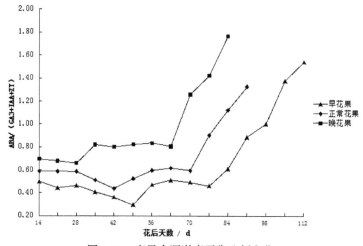

图1-16 枣果内源激素平衡比例变化

(五)枣果中 N、P、K 和主要微量元素含量动态

1.枣果中 N、P、K 含量动态

由表 1-10 可以看出，枣果所测大量元素中 N、K 元素含量较高，P 元素含量较低，果皮和果肉 N、P、K 含量差异不明显。从果皮果肉 N、P、K 含量变化趋势看(图 1-17)，果皮 N、P、K 元素随果实发育进度呈现逐渐递减的变化规律，N、K 元素含量远高于 P 元素，且 P 元素含量平缓下降，花期结束后 84～126d 几乎不变；果肉 N、K 元素含量也呈现持续下降趋势，但下降速率比果皮快，而 P 元素含量在整个枣果发育过程中几乎保持不变。

在枣果发育的不同时期，对果皮、果肉大量元素含量进行 t 检验，多数为差异不显著，表明枣果对 N、P、K 大量元素的吸收、利用规律有一定的一致性。

表 1-10　不同时期果皮、果肉 N、P、K 元素含量变化(单位：g/kg DW)

花期结束后天数/d	组织	N	P	K
42	果皮	13.02a	1.31a	12.53a
	果肉	13.97a	1.94a	15.64a
63	果皮	11.8a	1.24a	12.34a
	果肉	11.31a	1.63a	14.96a
84	果皮	11.37a	0.92a	11.56a
	果肉	10.9a	1.46a	14.23a
105	果皮	10.56a	0.75a	10.25a
	果肉	10.51a	1.36a	12.62a
126	果皮	8.64a	0.56a	9.43a
	果肉	1.93a	1.32a	11.93a

注：不同小写字母表示差异显著($p<0.05$)。

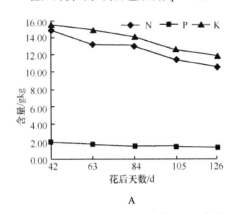

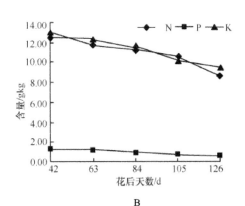

图 1-17　枣果 N、P、K 元素含量变化

A 果皮；B 果肉

2. 枣果中微量元素含量动态

由表 1-11 可以看出，枣果中 5 种微量元素含量大小依次为 Mg、Ca、Cu、Zn、Fe。从微量元素含量变化曲线看(图 1-18)，在枣果发育进程中，枣果皮中 Mg 含量基本保持不变，Ca 含量呈递减趋势，Fe 含量先缓慢上升后逐步下降，Zn、Cu 含量一直维持在较低含量水平，并呈逐步下降的趋势；枣果肉中 5 种元素含量变化趋势与果皮中对应元素含量变化趋势总体上基本一致。

花期结束后天数/d	果实组织	Ca	Mg	Fe	Zn	Cu
21	果皮	6.34a	1.28a	35.83a	8.56a	6.64a
	果肉	5.76a	1.56a	46.79a	9.67a	5.96a
42	果皮	5.35a	1.18a	56.87a	7.57a	5.98a
	果肉	4.56a	1.53a	54.67a	8.52a	6.46a
63	果皮	4.34a	1.06a	57.67a	7.45a	4.86a
	果肉	3.64a	0.96a	84.38a	6.33a	4.78a
84	果皮	4.27a	0.93a	58.24a	6.59a	4.67a
	果肉	2.87a	0.92a	65.35a	5.87a	3.86a
105	果皮	3.86a	0.86a	53.46a	5.37a	3.21a
	果肉	1.67a	0.87a	41.05a	5.02a	3.69a

注：不同小写字母表示差异显著(p<0.05)，不同大写字母表示差异极显著(p<0.01)。

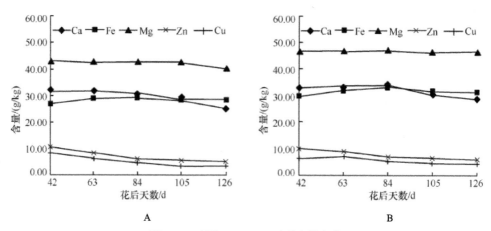

图 1-18　枣果 N、P、K 元素含量变化

A 果皮；B 果肉

第五节　骏枣落果规律

落果是由于外部因素或内部因素的影响导致没成熟的果实从果树上掉下来的

现象，其中果树从开花期结束后到果实成熟期，由于机械作用和病虫害以外的原因引起的落果称为果树的生理落果(郭裕新，2010)。果树的开花量一般都很大，但绝大多数花和幼果在花期结束后便陆续脱落，采果时收获果实占总花数的百分率很低。

枣(*Ziziphus jujuba* Mill.)、苹果(*Malus pumila* Mill.)、荔枝(*Litchi chinensis* Sonn.)、李(*Prunus salicina* Lindl.)、桃(*Prunus persica* L.)、葡萄(*Vitis vinifera* L.)、柑橘(*Citrus reticulata* Blanco)等果树都存在着落果现象。近年来人们已在研究杏(*Armeniaca vulgaris* Lam.)、苹果、大樱桃(Cerasua Arium)、李等果树落花落果方面做了大量的工作。苹果落花落果动态出现 4 次高峰：盛花期结束后 2 周左右；盛花期结束后 3~4 周；6 月落果；采前落果；梨大体与苹果相同。黄鹏等(2003)对李落花落果情况进行观察，发现有两次落花高峰和两次落果高峰。枣树落花落果也有报道，枣树开花即有大量花蕾脱落，花期结束后落果发生在花朵开放 6d 或 7d 以后的短锥形幼果时期；幼果形成后又有生理落果现象，落果期长，历时 4 周左右，多为果核尚未硬化、营养不良的小果；果实发育后期因病虫害等也会造成落果。北方枣区枣树落果根据时间段可分为前期落果(6 月下旬至 7 月上旬)、中期落果(7 月中旬、下旬)和后期落果(8 月与 9 月间)3 个阶段，也可以将落果分为花期结束后落果、硬核前落果及采前落果。各品种落果终止期差异很大。胡芳名等(1999)研究表明，根据枣果生长发育阶段，落果大致可分为两阶段，即幼果期落果和成熟期落果，在这两个生理落果期间分别出现 2 次明显高峰。

一、材料与方法

(一)枣落果规律研究

选取树势中庸的骏枣树为样株，挂牌并标记。枣吊现蕾前将每株样树用纱网围起来，至开花前数出结果枝花蕾数总和，并在树下铺垫薄膜，以收集脱落的枣果。从 2012 年 6 月 13 日开始进行跟踪调查，每隔 2d 调查一次落果数，子房发育成浓绿色三角形小枣者(草帽状)即统计为果实。从 8 月份开始，根据实际情况，调整为每 6d 统计一次落果数。

(二)落果机理研究

1. 果柄离区组织结构的研究

果实脱落期选取正常果和落果，取其果柄，观察离区组织结构。在盛花 20d

后每 10d 取正常果和落果各 4 个放入冰盒带回试验室，将枣果用自来水冲洗干净、擦干，剪切含果柄离区上下 0.5mm 范围的整段果柄，并把剪切好的果柄迅速放入固定液中固定，置于 4℃冰箱保存。最后做石蜡切片。

2. 内源激素对骏枣落果的影响

骏枣盛花期后 20d 始至枣果成熟期止，调查取样 12 次，收集当天的落果（8：00～20：00），同时采树上当日发育正常的果实作为对照。选取正常果和落果各 10 个，放入冰盒带回实验室。将枣果去皮，切成 0.1cm 左右的薄皮，称取 1g，固定在甲醇：水：甲酸（$V/V/V$）=80：15：5 的固定液中，每个处理重复 3 次，贴上标签后保存在 –20℃ 的冰箱里待测。果肉的选取遵循面面俱到的原则，并且取既不靠近果皮又不靠近种子的中间层果肉。采用高效液相色谱法测定果肉中内源激素的含量，测定指标包括生长素类 IAA、细胞分裂素类 ZT、赤霉素类 GA_3、脱落酸 ABA。

二、结果分析

（一）枣落果规律

观察表明，枣吊现蕾期为 5 月 10 日前后，枣花初始开放时间为 5 月 25 日，盛花从 6 月 9 日持续到 6 月 20 日，6 月 9 日开始坐果，坐果后第 6d（6 月 15 日）幼果开始出现脱落，此现象一直持续至果实成熟。由表 1-12～1-15 可见，在定位观察枣树上，枣座果总数为 2813 个，只有 269 个枣果达到成熟，90.4% 的幼果在枣果生长期内脱落。如果把枣落花率也计算在内，那么枣的收果率仅占开花总数的 1.48%。

从落果过程来看，6 月枣落果总数在枣整个生长发育阶段落果数量较少，为 141 个；7 月枣落果总数相比其他月份最多，为 842 个；8 月与 9 月落果总数相差不大，分别为 714 个、700 个；10 月也就是枣果采收前 11d，落果数为 107 个。由图 1-19 可知，骏枣果实发育期每 6 天落果总个数的变化趋势呈现双峰曲线，落果高峰分别出现在 8 月 4 号（幼果期）和 9 月 9 日（果实膨大期），分别为 303 个和 225 个，第一次峰值比第二次大。枣出现第一个高峰时累计落果数占落果总数的 47.1%，此后落果数急剧下降后又缓慢上升，出现第二个高峰，此时累计落果数占落果总数的 78.7%，骏枣落果现象一直贯穿枣果整个生长发育阶段，历时 126d，到采收时（10 月 11 日）累计落果率达 90.4%。

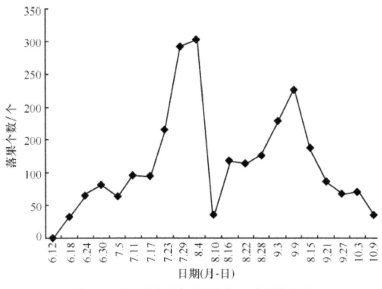

图 1-19　骏枣果实发育进程中每 6d 落果数变化

表 1-12　6 月份骏枣落果过程

日期(日/月)	13/6	15/6	17/6	19/6	21/6	23/6	25/6	27/6	29/6
2 日落果数/个	0	12	21	26	14	26	20	28	34
2 日落果率/%	0	0.43	0.75	0.92	0.50	0.92	0.71	1.00	1.21
累计落果数/个	0	12	33	59	73	99	119	147	181
累计落果率/%	0	0.43	1.17	2.10	2.60	3.52	4.23	5.23	6.43

表 1-13　7 月份骏枣落果过程观察

日期(日/月)	1/7	3/7	5/7	7/7	9/7	11/7	13/7	15/7	17/7	19/7	21/7	23/7	25/7	27/7	29/7	31/7
2 日落果数/个	21	28	15	37	23	37	29	37	28	44	58	64	82	99	113	127
2 日落果率/%	0.8	1.0	0.5	1.3	0.8	1.3	1.0	1.3	1.0	1.6	2.1	2.3	2.9	3.5	4.0	4.5
累计落果数/个	202	230	245	282	305	342	371	408	436	480	538	602	684	783	896	1023
累计落果率/%	7.2	8.2	8.7	10.0	10.8	12.2	13.2	14.5	15.5	17.1	19.1	21.4	24.3	27.8	31.9	36.4

表 1-14　8 月份骏枣落果过程观察

日期(日/月)	6/8	12/8	18/8	24/8	30/8
6 日落果数/个	259	96	119	114	126
6 日落果率/%	9.2	3.4	4.2	4.0	4.5
累计落果数/个	1282	1378	1497	1611	1737
累计落果率/%	45.6	49.0	53.2	57.3	61.7

表 1-15　9 月份和 10 月份骏枣落果过程观察

日期（日/月）	5/9	11/9	17/9	23/9	27/9	5/10	11/10
6 日落果数/个	181	225	138	88	68	71	36
6 日落果率/%	6.4	8.0	4.9	3.1	2.4	2.5	1.3
累计落果数/个	1918	2143	2281	2369	2437	2508	2544
累计落果率/%	68.2	76.2	81.1	84.2	86.6	89.2	90.4

枣开花历期较长，故长时间内都有花果同现的现象，且落花落果比较严重，历时也长，营养消耗大，对枣生产栽培有较大的影响。本试验观察得出，阿克苏地区骏枣生理落果大致分为幼果期落果和果实膨大期落果两个阶段，在这两个生理落果阶段分别出现了两次明显的落果高峰，这与胡芳名等（1999）的研究结果一致。第一个高峰出现在 8 月上旬，第二次高峰出现在 9 月上旬。

（二）枣落果机理研究

器官脱落是指植物体的部分器官（如花、叶、果等）脱离母体的过程，一般发生在特定的区域–离区，是细胞结构、生理生化代谢及基因表达等过程共同作用的结果。

1. 骏枣果柄离区组织结构的研究

1）果柄脱落离区的确定

图 1-20 展示了骏枣果实果柄脱落前后，果柄离区组织的显微结构。骏枣果柄与果实相连接的区域内有若干层细胞（图 1-20A），其中细胞小而致密的区域即为枣果果柄离区组织。

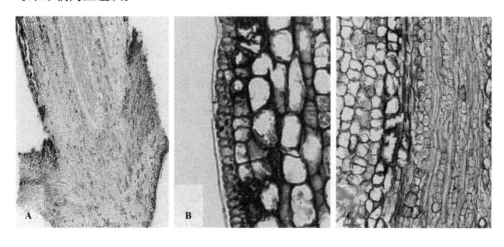

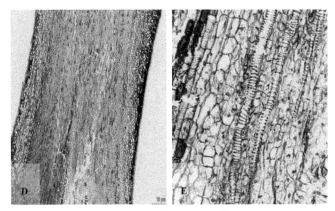

图 1-20(续)　果柄脱落区组织结构(见图版)

A 纵切面，果实和果柄连接处×26.4；B 纵切面，示表皮细胞×264；C 纵切面，韧皮部细胞及筛管×264；D 纵切面，果柄韧皮部、木质部和髓部整体观×26.4；E 纵切面，示木质部导管×264。

2) 枣果柄结构

枣的果柄在果实与枣吊间构成其主要输导组织，果柄的表皮由角质层和一层排列紧密的近似矩形小细胞组成(图 1-20B)。果柄表皮以下是由染色较浅的数层薄壁细胞构成，细胞较大，排列较紧密，其次是维管束包括的韧皮部和木质部，在韧皮部分布有数量不等的筛管和伴胞(图 1-20C)，木质部分散布有已经木质化的导管，导管多为螺纹状，螺纹部局部呈紫红色(图 1-20E)。

在枣果柄维管束的中央部分由薄壁细胞组成髓质，木质部和韧皮部组成的中央维管束构成了果柄中的主要输导组织(图 1-20D)，从而确保营养物质和水分由果柄输入到果实。

3) 果柄脱落过程中离区组织结构变化

果实脱落主要是果柄和果实间形成的离层导致。骏枣果实在脱落过程中，果柄的离区细胞中部分细胞组织结构发生着连续的变化。骏枣果实脱落前期，果实和果柄结合部分的离层细胞初步形成，此时大部分细胞质染色较深(图 1-21A)；骏枣即将落果时，果实和果柄连接处髓部开始出现比较明显的连续裂痕，局部离层细胞裂解(图 1-21B)。随着落果进程的推进，离区髓部的裂痕逐步深入到木质部、皮层组织中(图 1-21C)，最后离区空隙增大，此时仅有维管束在维系果柄果实之间的连接，维管束组织的导管和伴胞并不分离(图 1-21D)，加上外力作用的影响，而出现枣果脱落现象，脱落部位可以观察到相互交叉且又不规则的脱落表面。

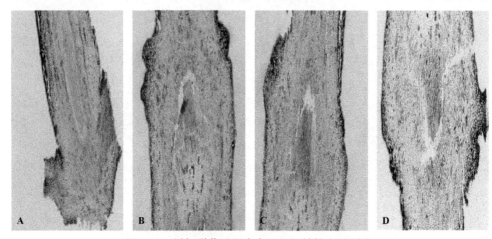

图 1-21 果柄脱落过程中离区组织结构(见图版)

2. 内源激素对骏枣落果的影响

1)正常枣果与脱落枣果中赤霉素(GA₃)含量对比

由图1-22可见,枣果发育过程中正常枣果和脱落枣果的GA₃含量变化曲线相似。盛花期后20~40d迅速增加,但正常果GA₃含量增长速度远大于脱落果,花期结束后40d正常果和脱落果GA₃含量达到最高值,分别为473.74ng/gFW、408.22ng/gFW。此时正处于骏枣出现第1次落果高峰期前夕。之后40~80d正常果和脱落果GA₃变化曲线总体下降,有一次小抬升,80d出现小高峰,在此期间枣果已核硬化,即将进入骏枣第二次落果高峰。从主要生理落果期来看,第一次落果

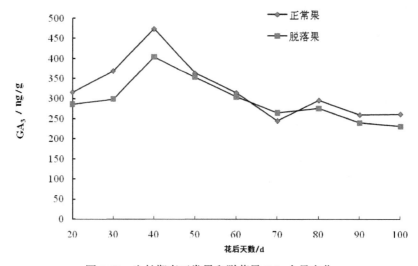

图 1-22 生长期枣正常果和脱落果 GA₃ 含量变化

高峰期间，正常果和脱落果GA$_3$含量随着落果率的增加而升高，脱落幼果GA$_3$含量明显低于正常果；第二次落果高峰，正常果GA$_3$含量随着落果率的增加而升高，而脱落果则相反。由此可以说明GA$_3$含量水平低可能是骏枣生理落果的重要原因。

2）正常枣果与脱落枣果中生长素（IAA）含量对比

由图1-23可知，正常枣果和脱落枣果IAA含量变化趋势基本相似。在果实发育初期，花期结束后20～40dIAA含量逐渐上升，正常果与脱落果都在花期结束后40d出现一个峰值，IAA含量分别为245.56ng/gFW，155.23ng/gFW。然后逐渐下降，并在花期结束后 70d 和 90d 又出现一次峰值，含量分别为107.8ng/gFW、100.98ng/gFW。在果实发育过程中，正常果IAA含量远远高于脱落果，骏枣两次生理落果高峰期与骏枣落果中IAA含量出现高峰值的时间基本一致。

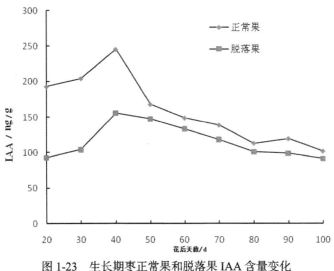

图1-23　生长期枣正常果和脱落果IAA含量变化

3）正常枣果与脱落枣果中玉米素（ZT）含量对比

由图1-24可知，坐果后，正常枣果ZT含量急剧增加，在花后30d达到高峰值，含量为12066.12ng/gFW；而脱落枣果ZT含量缓慢上升，其高峰值在花期结束后40d，含量为10927.93ng/gFW。在盛花期后40d，正常果与脱落果ZT含量变化规律相似，呈现持续逐渐下降，且两者ZT含量差异不明显。

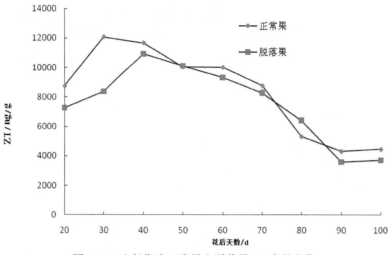

图 1-24　生长期枣正常果和脱落果 ZT 含量变化

4) 正常枣果与脱落枣果中脱落酸(ABA)含量对比

由图 1-25 可见，在枣果生长发育过程中，脱落枣果 ABA 含量明显高于正常枣果，并一直处于较高水平，平均含量是正常果的 2.67 倍。正常枣果发育过程中，ABA 的含量在盛花期结束后 40d 前逐渐增加，至 40d 出现一个高峰，其后先下降后开始缓慢升高，在枣果成熟期 ABA 含量相比其他时期较高。脱落果 ABA 含量从生理落果一出现就处于较高水平，之后随着时间的推移，ABA 的含量也逐渐增加。

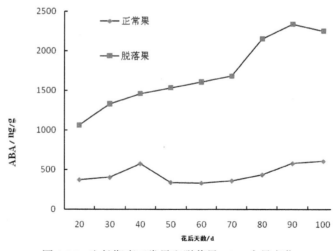

图 1-25　生长期枣正常果和脱落果 ABA 含量变化

5) 正常枣果和脱落枣果内源激素含量平衡比例对比分析

从图 1-26 可以看出，脱落枣果和正常枣果 ABA/(GA₃+IAA+ZT) 值变化规律基本一致：前期低，后期高，脱落果中 ABA/(GA₃+IAA+ZT) 值一直高于正常果，在枣果生长发育过程中正常果与脱落果二者之间的比值差有逐渐增大的趋势，在花期结束后 90d 比值差最大。在骏枣幼果期，花期结束后 20~50d，第一次落果高峰前内源激素比值变化为先缓慢上升后逐渐下降，第二次落果高峰前，花期结束后 60~90d 比值变化为先急速上升，后平稳下降。第二次落果阶段 ABA/(GA₃+IAA+ZT) 值远高于第一次落果阶段的比值，表明生长促进物质(GA₃+IAA+ZT)和生长抑制物质(ABA)的彼此消长在枣果不同发育阶段影响着落果现象的发生。

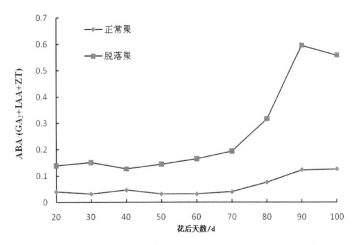

图 1-26　生长期枣正常果和脱落果 ABA/(GA₃+IAA+ZT) 比值的变化

枣果脱落与内源激素含量密切相关。ABA 能够抑制植物生长，ZT 可以促进细胞分裂，GA₃ 的主要功能是促进细胞的伸长和增大，IAA 的含量高可以增加营养物质输入库的活力。通过细胞分裂增殖实现细胞数目增多、体积增大和营养物质充实是植物生理基础(Buchanan *et al*, 2001)。因此，植物体内激素的含量，尤其是各种激素间的平衡关系与植物生长关系密切。

关于果实发育、生理落果与内源激素的关系，目前较为一致的观点是：生长促进物质 GA₃、IAA 和 ZT 增多，以及生长抑制物质 ABA 减少，有利于果实的正常发育和坐果；反之，GA₃、IAA 和 ZT 含量下降，以及 ABA 含量升高，则容易导致果实脱落。本次研究表明，骏枣生理落果期间，脱落果的果柄及果肉内 GA₃、IAA 和 ZT 含量均明显低于正常发育枣果，而其 ABA 含量则明显高于正常发育枣果，这说明枣果低含量的 GA₃、IAA 和 ZT，高含量的 ABA 可能是导致骏枣生理落果的重要原因。

研究发现，果实发育前期细胞分裂活动旺盛，果实内的生长促进型激素

IAA、GA₃、ZT 等有利于坐果和果实前期生长(黄卫东等，1994)，而 IAA 促进细胞核的分裂，ZT 增进细胞质的分裂，IAA 和 ZT 均对于果实细胞膨大具有重要作用(王忠主编，2000)，都具有延缓果实成熟衰老的功能。此外 IAA 具有促进果实单性结实的作用(苑博华等，2005)，在果实细胞分裂期与果肉迅速膨大期，相对高水平的 IAA 含量可能与其单性结实能力有关，陈伟等(2000)和邱燕平等(1998)认为，果皮中内源激素及其平衡可能与种子，特别是其中胚的败育与否有关，胚的正常发育对保证果皮和果实中高水平 IAA 和 GA₃ 是有较大贡献的。

本文研究表明，骏枣第一次生理落果前即盛花期后至幼果期，内源激素 IAA、GA₃ 含量及变化是影响骏枣落果的主导因子，此时内源激素对调节授粉受精有重要意义。而第 2 次落果高峰期，此期间高含量 IAA，低含量 ABA，可以有效阻碍果柄离层的形成，产生了防止落果的作用，同时满足枣果发育过程中临界期对生长素的需求，GA₃ 则起到与授粉同样的效果，造成了有助于坐果的激素平衡状态，而这与毕平等(1996)研究不尽相同。

ZT 在胚的发育过程中起着重要作用，ZT 含量低会导致种子的发育障碍和败育。本研究显示，在骏枣早期落果高峰形成阶段，正常果 ZT 含量高于脱落果，表明枣落果前期 ZT 对减轻落果的产生效应，而后期两者含量差异不明显，说明 ZT 作为细胞分裂素的一种存在形式，CTK 在果实发育不同时期有不同变化趋势，这与向旭等(1994)的研究结果相同，所以有必要对 CTK 的各种形式在枣果发育中的作用进行深入分析。

一般认为生长抑制物质(ABA)偏高就会造成生理落果。在苹果、文冠果和大核荔枝品种淮枝上的研究表明，果实内源 ABA 的高峰与落果高峰相对应。本研究表明，骏枣花期结束后 40d 和 90d，ABA 水平的明显升高，可以认为生理落果发生在 ABA 促进离层区生理变化之后，因此果实成熟时果柄中 ABA 的高含量可能与果实成熟脱落有关，与上述结论基本一致。需要特别指出的是第二次生理落果高峰期前，ABA 含量大量积累与外界的栽培管理条件有关，此时枣园已进入控水期，以促进枣果的成熟，因此枣树处于干旱胁迫状态。已有研究发现植物产生大量 ABA 用于调节自身在胁迫条件下的适应能力，所以此时大量落果并不对枣果产量构成直接影响。植物在受到逆境时，ABA 含量及渗透条件物质含量会大幅上升以抵御逆境，但在果树生长后期，ABA 含量的上升属正常的规律。

生理落果可能决定于各种内源激素之间的平衡关系，生长促进物质和生长抑制物质之间的平衡对落果的发生起着重要的作用。此次研究结果表明在骏枣发育过程中，尤其是生理落果阶段，正常发育果 ABA/(GA₃+IAA+ZT)值均始终处于相对平稳状态，而脱落枣中 ABA/(GA₃+IAA+ZT)值随着落果数的增减而上下波动。因此从生产实践出发，在骏枣生理落果期间，特别是生理落果高峰期，应用植物外源激素平衡幼果中两类激素的比值，可能会减少生理落果，从而达到提高产量的目的，怎样合理调节激素的比例及平衡，值得进一步研究。

根据枣果生长发育阶段，阿克苏地区骏枣生理落果大致可分为两阶段，即幼果期落果和果实膨大期落果，两个生理落果阶段分别出现 2 次明显高峰。骏枣第一次生理落果高峰形成与枣果 IAA 和 ZT 含量过低有关；第二次落果高峰发生在果实膨大后期，此时与 GA_3、IAA 和 ZT 大量减少，ABA 则急剧上升有关。在骏枣发育过程中，尤其是生理落果阶段，正常发育果 $ABA/(GA_3+IAA+ZT)$ 值均始终处于相对平稳状态，而脱落枣中 $ABA/(GA_3+IAA+ZT)$ 值随着落果数的增减而上下波动，枣果中生长抑制与生长促进两类激素的比值，对骏枣生理落果有调控作用。果实的正常坐果和生理落果是复杂的生理变化反应，内源激素的水平与变化规律是重要的调节因素之一，而营养状况、栽培管理措施也起着主导作用，有必要将其有机结合起来进行研究，有针对性的采取相应防治技术措施，可望达到增产保果的目的。

第六节　骏枣裂果规律

裂果被认为是果实内部生长与外界环境不协调作出的反应(李克志，1990)，许多果树如苹果、荔枝、李、桃、葡萄、柑橘等会发生裂果现象。大多数枣品种裂果表现均较严重，而晚熟品种的枣裂果相对较轻。张建国等(2004)研究表明，鲜食或干鲜兼用品种裂果较重，制干品种裂果较轻。果实的各个部位如胴部、底部、萼凹及梗洼等处均有可能开裂。果实开裂方式主要分为四种类型：纵裂、环裂、不规则开裂和混合型开裂。根据裂果的方式和程度，Opara(1996)将裂果症状分为 3 种类型，即果皮裂(peel cracking)、星裂(star cracking)和果肉裂(flesh cracking，splitting)。从目前的研究看，裂果的发生与果实在某一发育阶段的特性有关，尽管其果实类型不同，但裂果的发生时间大都出现在果皮停止生长，果肉速长阶段，此阶段果实对外界自然环境及内部生理代谢的协调能力最弱，极易出现矛盾，从而致使果实开裂。

红枣裂果现象普遍发生，给枣产业的稳产、优质生产带来困难，是限制枣产业优化生产的瓶颈之一。根据资料总结和实地调查，由于裂果，新疆阿克苏市一般年份造成减产 30%，严重时可减产 50%(如 2010 年)，经济损失巨大。有关果实裂果形成机制，国内外学者从形态解剖特征、遗传因素、果实生理生化特性、环境因子等方面进行了深入研究。但有关枣裂果机理的研究尚未形成体系，仅从枣果实组织解剖结构、化学药剂防治、抗裂种质筛选等方面进行了探索研究，研究深度还远远不够。因此，结合红枣自身生态适应性特征和新疆干旱区特殊的地理环境，进行裂果研究具有重要的理论意义和应用价值。总结枣果裂果机制，为有效控制枣裂果提供理论依据。

一、材料与方法

试验于 2011、2012 年在新疆阿克苏地区红旗坡农场农业科技示范园进行，以 8 年生树势中庸的骏枣为试材，嫁接繁殖，砧木为酸枣，矮化密植，株行距 1.5m×2m，单株小区，完全随机区组设计。

(一)骏枣果实组织解剖结构观察

花期结束 10d 后，每隔 15d 在样株树上取枣果 10 个，将果实用自来水冲洗干净、擦干，每个果实的果蒂、赤道部和果顶分别切取外果皮若干小块，置 FAA 固定液中，真空泵抽气 15min，放入 4℃冰箱中，24h 后转至室温保存，然后用常规石蜡法制片，切片厚度 10μm，番红-固绿对染，中性树胶封片，采用 Olympus 自动显微装置进行细胞层数和细胞大小的观测，每张切片观测 5 个视野，共观测 30 个视野，取其平均值。

(二)田间裂果率调察和气象数据监测

调查于 2011 年 8～10 月与 2012 年 8～11 月进行，每个样株按东南西北四个方向各调查 100 个果，统计裂果率、裂果指数、裂果方式。

Vantage Pro2 无线气象站相应地测定当时的空气温度、空气湿度、辐射强度及土壤水势等环境因子。在清耕与覆草处理的样地内，土壤水势探头分别埋深为 0～15cm 和 15～30cm，对土壤水势进行监测。结果取平均值，利用 DPS 数理统计软件拟合裂果与气象因子的关系。

(三)水分胁迫对枣裂果影响的研究方法

1. 水分吸收与枣裂果

分别称量 8 组各 100 个枣果置于蒸馏水中，记录浸泡时间 0h，6h，22h，31h，44h，53h，66h，94h，记录枣果的重量和裂果方式，并计算出果实的吸水率。吸水率=(浸水后质量-浸水前质量)/浸水前质量×100%。

2. 人工模拟降雨与枣裂果

在试验地搭建钢架结构防雨棚(10m×10m)，使实验树置于人工基本控制的环境中。为了验证根系吸收水分和根茎以上部分吸收水分对枣果裂果的影响，自枣果白熟期开始，分别布设三组对比试验(防渗膜，防雨棚，对照)，并做三个重复，观察裂果率的动态变化，数据经反正弦转换后进行方差分析和新复极差比较，同时进行人工模拟降雨和根部灌水两组试验，以进行相互验证。

水势采用美国 WESCOR 公司生产的 PSYPRO 水势仪测定。试验期间分别选择枣树的树冠外围，太阳直射且距地面 1.5m 部位的枣果。每月灌水过后 15d 左右，选定两个标准日测定两个日进程，水势日变化测定是从早晨 8：00～20：00，每 2h 取样一次，重复 3 次，测定并取平均值。

（四）内源激素含量测定

1. 样品采集

选 6 月 5 日，6 月 25 日和 7 月 15 日开花的骏枣样株各 3 株，从树体的东、西、南、北、内膛选取花期一致的花序 100 个并作标记，每隔 7d 每个样株选定枣果 10 个，置于冰盒中及时带回实验室，预处理后，测定内源激素含量。

2. 内源激素提取、分离及 HPLC 分析

在冰浴条件下研磨鲜样品成匀浆，称取 1g 左右于离心管中，加入 5ml 80% 冷甲醇，充分混匀，将残渣反复浸提 3 次，最后于 4℃冰箱中浸提过夜 12h。低温冷冻离心 1 2000r/min，30min，取上清液。氮气吹干浓缩至 1/2 体积。加入 3ml 的石油醚震荡摇匀等待分层，弃去上层石油醚，留下层甲醇溶液。用氮气将萃取后的甲醇溶液吹干（30min），用乙酸调节 pH 至 2.8，用 3ml 乙酸乙酯萃取 2 次，得到乙酸乙酯相和水相。将乙酸乙酯相合并，于 40℃水浴条件下用氮气吹干，定容至 1ml，用 0.22μm 有机微孔滤膜过滤，注入样品瓶，用于测定 GA_3、IAA、ABA。将水相用氮气吹干，加入 1mlpH7～8 的磷酸盐缓冲液溶解，再用饱和正丁醇（85%）萃取 2 次，取上层丁醇相，弃去水相，合并丁醇相，在 70℃水溶条件下用氮气吹干，流动相定容至 1ml，用 0.22μm 有机微孔滤膜过滤，注入样品瓶，用于测定 ZT。

分析仪器为高效液相色谱仪，VWD-3100检测器，ISO-3100SD泵。激素标样 GA_3、IAA、ABA和ZT为美国fisher公司提供；甲醇和乙酸为色谱纯，其他所用试剂均为分析纯。色谱条件为Phenomenex Luna C18反相柱（滤径5pm，直径250mm×4.6mm），流动相为甲醇：1%乙酸=80：20（V/V），流速为1ml/min，灵敏度0.001aufs，柱温30℃，紫外检测波长254nm，进样量为20μl。

IAA、GA_3、ZT和ABA标样用甲醇配成0.3ng/μl，0.6ng/μl，0.9ng/μl，3ng/μl，6ng/μl，12ng/μl，18ng/μl，24ng/μl，30ng/μl系列梯度。以标样出峰时间和峰高叠加定性，以外标法峰面积定量。在相同色谱条件下，采用样品添加标样回收法测定回收率，通过建立回归方程计算内源激素含量，每个样品重复3次，在DPS软件中用新复极差法比较激素含量水平差异（表1-16）。

表 1-16 选定 HPLC 条件下内源激素标样保留时间、回收率和标准曲线

激素名称	保留时间(min)	回收率	回归方程	相关系数
GA$_3$	3.5	95.0%	$y = 0.0127x + 0.1176$	0.9998[**]
IAA	5.6	86.8%	$y = 0.0537x - 0.5805$	0.9985[**]
ABA	12.7	84.1%	$y = 1.1093x + 0.4304$	0.9982[**]
ZT	2.4	89.4%	$y = 0.6912x + 0.4147$	0.9996[**]

注: x, 峰面积(m Vs); y, 激素含量(mg/l); **表示在1%的显著性水平下显著。

(五)枣果中大量元素与主要微量元素含量测定

1. 样品采集

在每棵样株上选取大小一致的果实 30 个，置于冰盒中立即带回实验室，去离子水清洗 3 次，将果实切分为果皮和果肉两部分，不锈钢刀切成薄片，在 105℃烘箱中杀青 15min，再置于 60～65℃烘箱中烘干，待冷却后粉碎机粉碎，于塑料瓶中密封保存备用。

2. N、P、K 含量测定

全 N 采用凯氏定氮法测定，P 用矾钼黄比色法测定，K 用火焰光度法测定。

3. 微量元素含量测定

1)标准曲线制作

单元素标准液配制，Ca、Mg、Zn、Fe，使用浓度均为 100μg/ml，Cu 浓度为 20μg/ml。根据各标准系列工作液吸光度，由计算机制作标准曲线，同时算出回归方程和相关系数(表 1-17)。

表 1-17 标准曲线

元素名称	回归方程	相关系数
Ca	$y = 0.01450x + 0.00840$	0.9923
Mg	$y = 0.68070x + 0.00872$	0.9978
Zn	$y = 0.2754x + 0.19750$	0.9947
Fe	$y = 0.0064x + 0.01260$	0.9805
Cu	$y = 0.0821x + 0.07720$	0.9959

2) 分析测定方法

准确测量样品 1.0000g 于消化瓶中，加入 25ml 消化液（3/4HNO₃+1/4HClO₄），然后置于消煮炉中进行消化，至溶液无色清亮，等冷却后用去离子水定容至 25ml 容量瓶，混匀，用岛津 AA-670 型原子吸收光谱仪，采用标准曲线法分别测定 Ca、Mg、Fe、Zn、Cu 含量。

二、结果分析

（一）骏枣裂果规律

连续两年对骏枣裂果情况进行调查、统计分析，如图 1-27 所示。可将裂果时间划分为两个主要时期，即白熟期和脆熟期后期，呈现双峰曲线变化。2011 年，从盛花期后 49d 开始至 84d 裂果发生频率较低，91d 时裂果率开始迅速上升，在 98d 达到第一个高峰，此后裂果率迅速下降，至 112d 裂果率又开始升高，133d 再出现一个小高峰，其后裂果率再次下降。2012 年，从盛花期后 49d 开始至 77d 裂果发生频率较低，84d 时裂果率开始迅速上升，91d 达到第一个高峰，此后裂果率迅速下降，至 119d 又开始升高，126d 再出现一个小高峰，其后裂果率再次下降。两次裂果率高峰值分别为 16.88%（2011 年）、7.57%（2012 年）和 5.15%（2011 年）、2.37%（2012 年）。枣果白熟前期和完全成熟后裂果现象发生较轻：白熟前期裂果零星发生，完熟期过后裂果也有小量出现，而此时裂果的方式以纵裂为主，裂口小于 2mm，且能部分愈合，对枣果的商品性影响较轻。通过分析气象数据，第一次裂果高峰期出现在持续降雨天气过后，降水导致裂果的发生；第二次裂果高峰期发生在果实完全成熟前，此时枣园进入控水期，试验区典型的内陆性气候出现，早晚温差剧烈，从而诱发裂果发生。综上所述，骏枣的白熟期和脆熟期可以视为裂果的关键时期。

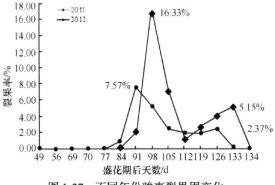

图 1-27　不同年份骏枣裂果周变化

裂果期不同花期枣果的情况也不一致(见图 1-28)。第一期平均裂果率大小依次为早花枣果>正常花枣果>晚花枣果,裂果率分别为 15.72%、5.84%、0.36%,早花果和正常花果占据了裂果总数的主要部分,此期正常花枣果进入白熟期,而早花枣果正处于脆熟期,晚花枣果则处于白熟前期;第二次裂果高峰期则与第一次相反,早花果<正常花果<晚花果,裂果率分别为 0.52%、1.84%、3.06%,此时早花果绝大部分已经成熟,正常花枣果已进入脆熟后期,而晚花枣果进入脆熟期。3 种不同花期枣裂果结果说明,白熟期和脆熟期是骏枣裂果发生的高发期。

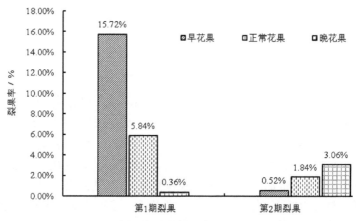

图 1-28　不同花期骏枣裂果高峰期裂果率比较

一般情况下,裂果的发生时间大都出现在果皮停止生长,果肉迅速生长阶段。此阶段果实对外界自然环境及内部生理代谢的协调能力最弱,极易出现矛盾,从而致使果实开裂。骏枣果实白熟期和脆熟期裂果形成的原因可能是白熟期到脆熟期果实糖分增加、果皮收缩性减弱,难溶于水的果胶与纤维素持续分离,最后分解成易溶于水的果胶,使骏枣果肉细胞间结合变得松散,并光合糖化,如遇雨水,枣果肉迅速吸水膨胀,致使果皮撑压破裂,从而造成严重裂果,具体原因还需深入了解果实内部生理物质对裂果的影响。

(二)骏枣裂果形态

根据两次裂果时期发生的气候条件不同,大致将裂果形态分为雨后裂果状(图 1-29A)和日灼裂果状(图 1-29B)。

按照枣果裂口弥合线的走向,可将枣果的裂果形态分为纵裂、环裂、纵裂+环裂和不规则裂共 4 种主要类型(图 1-29)。纵裂是枣果表面由果柄至果胴走向的裂痕线;横裂则是果皮表面沿着果实赤道线大致平行走向的裂痕线;纵裂+环裂属混合裂果,是在同一果实上出现上述两种以上开裂形态组合裂开;而不规则裂的裂口形态没有规律。通过大量比较枣果开裂形态，枣果开裂的起始点多为果柄的边缘组织。裂口发生较轻时，在果皮上出现小的缝隙，其深度小于果皮厚度；严重裂果时则会形成大型裂口，裂开的果皮边缘龟裂翘起，深度甚至超过果肉横径的1/2。

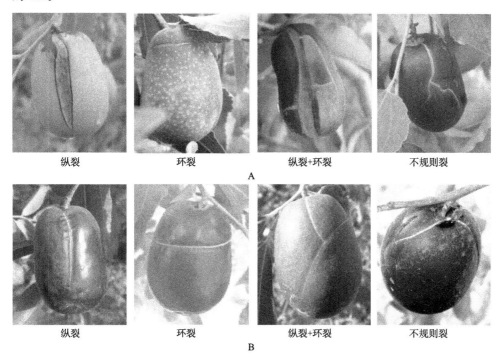

| 纵裂 | 环裂 | 纵裂+环裂 | 不规则裂 |

A

| 纵裂 | 环裂 | 纵裂+环裂 | 不规则裂 |

B

图1-29 骏枣裂果症状（见图版）

A. 雨后裂状；B. 日灼后裂果状

一般说来雨后形成的裂口很严重，通常深达果肉内部，裂口对枣果的伤害是不可修复的；日灼造成的裂果，裂口轻微，以危及外果皮为主，未深达果肉，如果营养供应充分，部分裂果具有恢复愈合的可能性。

(三)骏枣不同裂果方式裂果率比较

通过对试验地调查，由图1-30可知，骏枣果实裂果以纵裂形态为主，占所有裂果的78%以上。2011年枣果裂果形态为纵裂(78.35%)>不规则裂果(12.42%)>纵裂+环裂(5.82%)>环裂(3.41%)；2012年枣果裂果形态为纵裂(82.17%)>不规则裂果(9.17%)>纵裂+环裂(4.73%)>环裂(3.92%)。两年的数据综合计算，骏枣裂果的形态依次为纵裂(80.26%)>不规则裂果(10.80%)>纵裂+环裂(5.28%)>环裂(3.67%)。

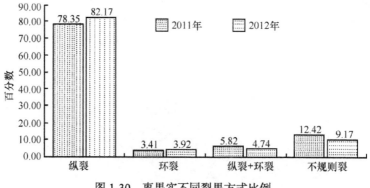

图 1-30　枣果实不同裂果方式比例

(四) 骏枣裂果后症状

枣果开裂后，果肉外露，如果空气湿度大、通风不畅，很容易被病菌从伤口处侵染，并迅速繁殖蔓延，引起枣果霉变、发酵、腐烂变酸(图 1-31)，营养降解加剧，最终失去食用价值。枣裂果往往与烂果交织在一起显现，裂果越重烂果也越严重。

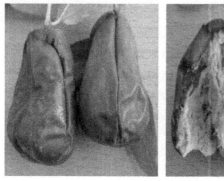

图 1-31　枣果裂开后被害状(见图版)

(五) 枣果裂果指数

用裂果指数和裂果率表示裂果敏感性，通过枣裂果情况调查，建立一套裂果分级标准(表 1-18)，以客观评价裂果等级。本试验按裂果的严重程度制定分级体系，分为Ⅰ级、Ⅱ级、Ⅲ级、Ⅳ级、Ⅴ级等 5 个等级，分级标准见表 1-18。

$$列果率(\%) = \frac{\sum 各级裂果总数}{调查总果数} \times 100 \qquad 裂果指数\frac{\sum(各级裂果总数 \times 代表值}{调查总果数 \times 最高分级代表值} \times 100$$

表 1-18　骏枣裂果分级标准

等级	代表值	分级标准
Ⅰ	0	未受害 果面光滑无裂痕。
Ⅱ	1	危害轻 果面出现 2 条及 2 条以上裂痕。
Ⅲ	2	危害中等 果面出现 1 条裂口，其长度不超过果实的纵径或横径。
Ⅳ	3	危害比较严重 a 果面出现 2 条及 2 条以上的裂口。 b 出现 1 条裂口其长度超过果面的纵径或横径，或低于 1/2 果面布满裂痕
Ⅴ	4	危害严重 果肉翻卷裸露，或超过 1/2 果面布满纵横交错的裂痕。

（六）果皮解剖结构与裂果关系

1. 枣果外果皮组织结构与裂果

由表 1-19 可知，正常果与裂果在蜡质层的层数厚度上几乎无差异，都是 1 层，厚度大约为 1.8μm，表明蜡质层与裂果相关性较小。角质层的分析结论与蜡质层一致。高京草等 1998 年在影响枣裂果因子的研究中也指出，裂果与角质层厚度无关。

骏枣表皮细胞和亚表皮细胞是枣果的外围细胞，直接决定着表皮厚度。正常果表皮细胞由 3～5 层细胞组成，表皮厚度约为 15.23μm，形状较规整，排列齐整而致密，亚表皮细胞较难以辨清，层数约 1 层 2 层，厚度大约 3.87μm。裂果果实的表皮细胞层数为 2 层或 3 层，排列凌乱，表皮细胞组织厚度为 10.43μm，亚表皮细胞也较难以辨清，层数约 1 层或 2 层，亚表皮厚度大约 3.42μm。

正常枣果表皮细胞层数多于裂果的表皮细胞层数，同时正常枣果比裂果果实的表皮厚度厚，而两者的亚表皮细胞层数相互接近，厚度和细胞层数变化幅度不大，表明表皮细胞层数少、表皮薄、外表皮细胞排列疏松，果实就比较容易开裂。

表 1-19　正常果与裂果外果皮结构

项目	正常果		裂果	
	层数	厚度 μm	层数	厚度 μm
蜡质层	1	1.84	1	1.82
角质层	1	3.01	1	3.98
表皮细胞	3～5	15.23	2～3	10.43
亚表皮细胞	1～2	3.87	1～2	3.42

2. 骏枣果皮组织结构与裂果关系

表 1-20　正常果与裂果的果皮结构

项目	正常果	裂果
果肉面积 μm^2	82.34	83.64
维管束直径 μm	47.82	67.72
维管束数量	6	7
空腔数量	11	15

由表 1-20 可知，骏枣正常果果肉细胞排列紧密，空腔少，细胞不规则多边形，大小不规整，细胞较大，形成网络清晰，所观察 30 个视野中维管束 6 个，平均直径大约为 47.82μm，空腔数量为 11 个；而裂果果肉细胞，开裂处细胞尤其排列疏松，空腔较多，细胞不规整多边形，有大的空隙，形成网络不清晰，果肉细胞平均面积为 83.64μm²，维管束 7 个，维管束平均直径大约为 67.72μm，空腔数量为 15 个。对两组平均值进行 t 检验，结果表明，裂果与正常果果肉细胞大小、维管束数量差异不显著($t=2.262<t=0.05$)，但两者的维管束直径和空腔数量差异显著。表明果肉细胞大小、维管束粗细与骏枣果实裂果相关性不大；果肉细胞排列紧密程度、维管束直径、空腔数量与裂果有一定关系。果肉细胞排列疏松，其中分布的维管束直径越大、空腔数量越多就越容易引起裂果。

一般认为枣果是一种核果或单纯核果，但由于枣并非像一般核果那样由心皮发育而来，而是由花托部分发育而来，故有人称之为"拟核果"。果皮细胞的结构性能决定了果皮的力学性能。骏枣表皮细胞位于果实的最外侧，果实的开裂又是由外开始，所以表皮细胞(层数、排列等)是裂果的关键结构部位。

现在也有研究发现亚表皮细胞和薄壁细胞之间没有转移细胞是造成裂果的原因之一(Crane，1964)；皮孔的过度膨大会降低附近表皮细胞层的伸展性和机械抗性，皮孔处是造成裂果的最薄弱点。

(七)水分与裂果关系

1. 室内水分处理枣果诱裂

将白熟期和脆熟期的枣果在实验室进行水分处理后，结果见图 1-32。白熟期和脆熟期裂果率变化曲线基本一致，裂果率先呈指数级迅速增加，后趋于缓慢，最后稳定。白熟期枣果裂果率 0～24h 内直线上升，24～60h 缓慢增长，60h 值不在变化；脆熟期果实裂果率 0～18h 直线急剧上升，18～48h 缓慢增加，48 后值趋于稳定。白熟期和脆熟期裂果率拐点分别为 63.50%、71.73%，白熟期裂果率的转折点比脆熟期滞后 6h，表明脆熟期的枣果较白熟期易裂果。

白熟期和脆熟期果实吸水率与裂果率变化趋势大致相似，先直线上升，后平稳增加，最后曲线较为平稳。白熟期 0～24h 吸水率直线上升，24～72h 缓慢增长，72h 值不在变化；脆熟期果实吸水率 0～24h 直线上升，24～60h 缓慢增加，60 后值趋于稳定。白熟期和脆熟期吸水率拐点分别为 40.43%、23.23%，白熟期裂果率的转折点也比脆熟期滞后 6h，表明脆熟期的枣果较白熟期易吸收水分，吸水率高且吸水速率快，骏枣果实吸水力随着枣果成熟度的增加而升高，最后趋于稳定。

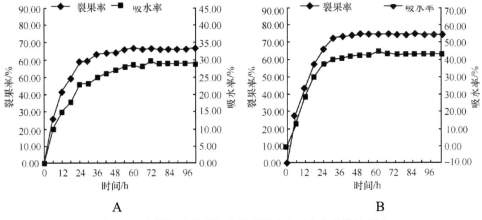

图 1-32 白暑期和脆熟期枣果裂果率和吸水率的线性拟合

A 白熟期；B 脆熟期

为进一步说明裂果率与吸水率的相关性，以裂果率做因变量，吸水率做自变量，进行回归分析(图 1-33)，两者线性拟合回归方程：

白熟期：$y=2.181x+0.052$，相关系数 $R^2=0.971$；

脆熟期：$y=1.509x+0.056$，相关系数 $R^2=0.988$。

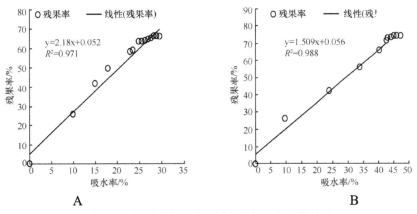

图 1-33 不同成熟期骏枣裂果率与吸水率的关系

A 白暑期；B 脆熟期

　　枣果吸水率随着时间的推移逐渐稳定，裂果率逐渐增加达最大值后也趋于稳定，表明骏枣果实的吸水率有极限值。当果实吸收量到达饱和值时，即在枣果达到拐点时吸收的水分基本达到饱和，满足了开裂的条件，果实开裂现象开始发生。

　　从而可以证明枣果成熟期在特殊气象条件下如遇连续阴雨天气，枣裂果严重发生的现象。

2. 田间与室内裂果率比较

1)枣果水分吸收与裂果

　　田间自然裂果率与室内浸果裂果率进行比较，表1-21可以看出，室内浸果诱导造成的裂果率远高于田间自然条件下的裂果率，室内果实吸水率也高于田间吸水率，而裂果指数稍高于田间。相同年份，田间裂果率比例白熟期均大于脆熟期，而室内试验则相反；不同年份由于外部环境难以控制则无法比较吸水率，无规律可循，但可说明脆熟期枣果更容易吸收水分。不同年份室内试验吸水率和裂果率比较可发现，吸水率越高，裂果率也越高。由此可以说明水分吸收状况是诱发红枣裂果的重要因子。大田枣果在脆熟期若遇长时间降雨，其裂果率必然会急剧增加。2010年阿克苏地区，2013年和田地区枣裂果大发生前都遭遇大雨恰能说明本结论。

表 1-21　不同成熟期不同年份枣果田间与室内裂果率比较

裂果时间	田间			室内		
	裂果率	吸水率	裂果指数	裂果率	吸水率	裂果指数
白熟期 2011	16.88%	26.54%	0.445	65.82%	29.56%	0.647
脆熟期 2011	5.15%	24.67%	0.216	74.21%	46.85%	0.462
白熟期 2012	7.57%	13.32%	0.246	58.54%	36.24%	0.480
脆熟期 2012	2.37%	12.48%	0.163	69.73%	38.46%	0.324

　　对裂果指数进行比较发现，裂果指数通常随着裂果率的增加而增大；但两者之间并不是简单的线性相关。2012年(白熟期枣果)室内裂果率为58.54%，裂果指数为0.480；而2011年白熟期枣果田间裂果率仅为16.88%，但裂果指数却达到0.445。同时也表明，裂果与湿度(吸水)密切的正相关，但不是唯一因素，还与枣果结构、温度等因素密切相关。

2)骏枣根系、根茎以上部分吸水与裂果关系

　　为了验证根系吸收水分和根茎以上部分吸收水分对枣果裂果的影响，在枣果

白熟期开始，分别布设三组对比试验(防渗膜，防雨棚，对照)，并作三个重复，观察裂果率的动态变化，数据经反正弦转换后进行方差分析和新复极差比较。

由表 1-22 可以看出，对照裂果率和铺设防渗膜的裂果率差异不显著，两者与架设防雨棚的裂果率差异达到极显著。因此可以推断出根系吸收的水分输送至枣果从而引起裂果的作用有限；地上部分枣果和叶片直接吸水对枣果裂果起主导作用。

表 1-22　防渗膜、防雨棚对骏枣裂果率的影响

处理	均值(裂果率)	差异显著性	
		5%显著水平	1%极显著水平
CK	14.2507	*a*	A
防渗膜	12.8666	*a*	A
防雨棚	8.1398	*b*	B

注：小写字母表示在 5%的显著性水平下显著；大写字母表示在 1%的显著性水平下显著。

(八)水势与裂果关系

1. 枣果水势日变化

由图 1-34 可见，两个年份枣果水势在白熟期和脆熟期的 8：00～20：00 均呈 V型曲线，在 8：00 裂果高峰期时的果实水势维持较高水平，可能原因是此时太阳辐射弱，气温低，湿度大，叶片气孔开张度小，水分蒸腾散失少；8：00～16：00，随着气温、太阳辐射增加，相对湿度降低、气孔开张度逐渐加大，蒸腾作用增强，叶片水势不断降低，16：00 果实水势达全天最低值，16：00 以后，随着太阳辐射减弱、气温降低、相对湿度增加、气孔开度变小，蒸腾作用减弱，果实水势迅速恢复。

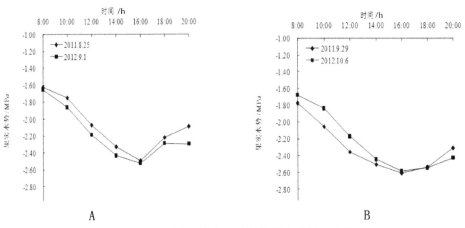

图 1-34　骏枣白熟期、脆熟期果实水势日变化

A 白熟期；B 脆熟期

2. 枣果水势月变化

根据连续测定 2011 年、2012 年 6～10 月骏枣果实的水势，可计算出枣果水势变化各月均值绘制成图 1-35。由图可知，2011 年和 2012 年果实水势月变化大致相似，随着枣果发育，果实水势总体呈下降趋势。按照理论变化曲线，随着物候期的推移，气温升高，光照增强，树体蒸腾耗水量加剧，枣果果实水势一直不断下降，8 月以后枣园开始控水，水分亏缺逐渐加重，水势下降速率增加。2011 年 8 月 4 日-25 日，枣果水势降速减慢；2012 年 10 月 6 日水势异常提升，与测定日期前降雨有关。2011 年 8 月 22 日降雨量小，但持续时间长；2012 年 10 月 6 日前降水量大且持续时间短。

由骏枣裂果规律可知，裂果两个高峰期分别在白熟期和脆熟期。结合果实水势月变化曲线可以看出，白熟期裂果高峰期，骏枣果实水势急速下降，因此可初步推断果实水势对裂果有负效应。

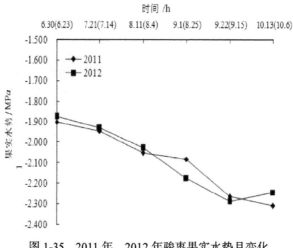

图 1-35　2011 年、2012 年骏枣果实水势月变化

(九)激素含量与裂果关系

由表 1-23 可知，2012 年第 1 次裂果高峰期，正常果与裂果枣果中的 GA_3 含量差异不显著，而裂果枣果中的 IAA、ZT 含量均高于正常果，ABA 含量则显著低于正常果，说明 IAA、ZT、ABA 影响骏枣果实裂果的发生。结合各内源激素含量比值可以看出，3 种不同花期类型枣果中，正常果较裂果 $ABA/(GA_3+IAA+ZT)$ 比值(激素平衡，记为 HB)都大于 1，而裂果 HB 都小于 1，且与 1 的差值越大，裂果率越高。

表1-23　第1次裂果高峰不同花期枣果正常果与裂果内源激素含量比较

		盛花后天数 91d					
		GA₃	IAA	ZT	ABA	比值	裂果率
早花果	正常果	156.13	126.21	98.16	393.08	1.03	15.72%
	裂　果	157.86	175.53	103.63	318.53	0.73	
正常花果	正常果	157.02	96.12	78.31	368.43	1.11	5.84%
	裂　果	158.92	116.82	92.62	325.21	0.88	
晚花果	正常果	77.27	87.92	60.54	287.25	1.27	0.36%
	裂　果	76.19	136.92	72.43	259.67	0.91	

由表1-24可知，2012年第2次裂果高峰期，裂果与正常果相比，GA₃、IAA、ZT的含量差异不明显，ABA含量显著增高。表明ABA水平是该期枣果裂果的主要因素。

表1-24　第2次裂果高峰不同花期枣果正常果与裂果内源激素含量比较

		盛花后天数 106d					
		GA₃	IAA	ZT	ABA	比值	裂果率
早花果	正常果	127.81	103.93	85.16	316.81	1.00	0.52%
	裂果	128.24	105.94	83.61	364.83	1.15	
正常花果	正常果	131.55	89.91	74.11	306.31	1.04	1.84%
	裂　果	132.13	91.12	77.01	387.38	1.29	
晚花果	正常果	74.24	72.10	59.33	201.82	0.98	3.06%
	裂　果	73.34	72.84	61.22	285.89	1.38	

第1次裂果发生期(白熟期)，骏枣裂果果实中促进细胞分裂、伸长、生长的内源激素含量往往比正常果高，尤其在果肉中更明显。此期果肉细胞生长激素剧增，生长快；果肉生长快，果皮细胞分裂素含量较低，发育慢，造成生长不平衡。果肉的生长突破果皮的限制，即发生裂果。第二次裂果期，即脆熟期，该期枣果果形大小已基本定型，故不能单纯地从果实发育角度去解释裂果的发生。ABA作为激素调节并满足果实发育基本需求外，还作为一种逆境胁迫下的信号物质，可以促进渗透调节物质如可溶性糖的大量积累，致使果实渗透势升高，当环境适宜(如降雨)使得果肉细胞大量吸收水分进而导致裂果。研究结果表明枣果前期裂果与生长促进物质含量较高有关，后期与果肉生长抑制物质含量较高有关。

(十)枣果中N、P、K和主要微量元素含量与裂果关系

1. 枣果中大量矿质元素含量与裂果关系

两次裂果高峰期的骏枣进行大量元素N、P、K含量测定，见表1-25，正常

枣果和裂果其果皮、果肉中 N、P、K 含量均无明显差异。由表 1-25 看出，总体上骏枣果实 N、K 含量明显高于 P 含量，果肉 N、P、K 含量又都略高于果皮，由此可以推断枣果中大量矿物质元素 N、P、K 含量与裂果相关性不大。

表 1-25　两次裂果高峰期正常枣果与裂果果皮、果肉 N、P、K 素含量比较（单位：g/kg DW）

果实部分		N	P	K
正常果	果皮	11.87 a (12.24 a)	0.83 a (0.78 a)	6.57 a (5.89 a)
	果肉	14.58a (13.65 a)	1.94 a (2.02 a)	15.43 a (15.75a)
裂果	果皮	11.46 a (11.21a)	0.91 a (0.89 a)	8.63 a (8.65 a)
	果肉	13.30 a (12.21 a)	1.63 a (0.42 a)	13.07 a (14.32 a)

注：小写字母表示在 5%的显著性水平下显著，括号内数据为 10 月 6 日，括号外数据为 8 月 25 日。

2. 枣果中微量元素含量与裂果的关系

由表 1-26 可知，5 种微量元素在正常枣果与裂果中含量由高至低的顺序为 Mg>Fe>Ca>Zn>Cu。两次裂果高峰期，正常枣果与裂果果皮、果肉中的 Fe、Mg、Zn、Cu 含量差异不显著，但正常果果皮 Ca、Mg 含量显著高于裂果。结果表明，果皮中 Ca、Mg 含量可能与骏枣裂果的发生有关。

表 1-26　正常果与裂果之间果皮、果肉微量元素含量比较

果实部分		元素含量(g/kg DW)				
		Ca	Fe	Mg	Zn	Cu
正常果	果皮	36.63 a (37.56 a)	51.31 a (51.66a)	72.75 a (75.64 a)	5.97 a (6.12 a)	4.86 a (4.71 a)
	果肉	38.01 a (36.26 a)	50.90 a (49.58 a)	85.78 a (86.46 a)	5.60 a (5.69 a)	5.64 a (5.23 a)
裂果	果皮	31.58 b (32.62 b)	51.05 a (49.60 a)	56.63 a (56.89 a)	5.62 a (7.58 a)	3.59 a (3.68a)
	果肉	38.86 a (39.73 a)	50.87 a (52..31 a)	76.24 a (75.18 a)	5.15 a (5.03 a)	6.80 a (6.88 a)

注：小写字母表示在 5%的显著性水平下显著，括号内数据为 10 月 6 日，括号外数据为 8 月 25 日。

3. 枣果果皮与果肉微量元素含量间的相关性分析

为了进一步明确 Ca、Mg 等元素对裂果的影响，对骏枣果皮和果肉的 5 种微量元素含量变化做相关分析，以不同时期的裂果率做因变量 Y，5 种微量元素含量做自变量 X_1：Ca、X_2：Fe、X_3：Mg、X_4：Zn、X_5：Cu，进行逐步回归分析，从中再选出主要因子建立回归方程(表 1-27)。裂果率与果皮元素含量回归方程：$Y=6.079X_1-0.18X_2+1.00X_3$。偏相关系数：$r(y, X_1)=-0.9981$，$r(y, X_2)=0.9992$，$r(y, X_3)=0.9990$。

表 1-27 裂果率与果皮 Ca、Fe、Mg 通径分析

因子	直接	→X_1	→X_2	→X_3
X_1	− 0.8047		0.2004	1.0544
X_2	0.6168	− 0.2614		0.5007
X_3	1.1718	− 0.724	0.2635	
决定系数=0.99954，剩余通径系数=0.02150。				

裂果率与果皮 5 种元素含量进行逐步回归表明，选出 3 个主要因子即 Ca、Fe、Mg，Ca 与裂果率的偏相关系数为 $r(y, X_1) = − 0.9981$，说明裂果与 Ca 元素是负相关关系。通过直接通径系数绝对比较，对裂果有重要作用的元素依次为 Mg、Fe、Ca，但是差异不显著，再由间接通径系数表说明，3 种元素会相互通过彼此关联来影响裂果。裂果率与果肉元素含量回归方程（表 1-28）：Y= − 1171.10-4.26X_1+6.08X_2+24.081X_3。偏相关系数：$r(y, X_1) = − 0.9228$，$r(y, X_2)$=0.9568，$r(y, X_3)$=0.9382。

表 1-28 裂果率与果肉 Ca、Fe、Mg 通径分析

因子	直接	→X_1	→X_2	→X_3
X_1	− 1.0088		0.2172	1.0742
X_2	0.6688	− 0.3277		0.5101
X_3	1.1939	− 0.9076	0.2857	

裂果率与果肉的 5 种元素含量进行逐步回归表明，同样筛选出选出 3 个主要因子 Ca、Fe、Mg，Ca 与裂果率的偏相关系数为 $r(y, X_1) = − 0.9228$，说明裂果与果肉 Ca 元素是负相关关系。通过直接通径系数绝对比较，对裂果有重要作用元素依次为 Mg、Fe、Ca，同样也是差异不显著；再由间接通径系数表说明，3 种元素会相互通过彼此关联表现出正负效应来影响裂果。由此可以说明，矿质元素含量变化随果实生长发育进程存在着一种协同或拮抗的关系。

从本试验所测定的几种矿质营养元素发现，骏枣果实开裂仅与 Ca 关系密切。钙是细胞壁的重要结构成分，它与果胶质相结合形成钙盐，增加了原生质的弹性，减弱了质膜渗透性，增强了细胞的耐压力和延伸性，也可增强果皮抗裂能力。果皮中 Ca 含量降低，则枣果易开裂。

(十一)气象因子与裂果关系

1. 气象数据分析与整理

对自动气象站记录的原始数据按月计算平均气温、平均空气湿度、平均土壤温度和湿度，最低气温、最高气温、温差、月积温、月累计降雨量和光有效辐射。结果见表1-29。

表1-29 2012年5月到10月枣园微气候

月份	月均温度	最高温度	最低温度	温差	外界湿度	露点温度	雨量	太阳辐射	蒸发	土壤水势
5	32.40	19.99	7.60	12.39	95.00	15.50	0.01	216.53	1.18	0.08
6	35.20	22.68	11.10	11.58	95.00	18.80	0.01	228.90	1.16	0.09
7	34.00	22.41	11.40	11.01	98.00	22.60	0.01	247.79	0.12	0.09
8	33.40	23.15	11.80	11.35	98.00	21.30	0.00	228.81	0.07	0.08
9	32.10	19.06	6.70	12.36	99.00	19.90	0.01	173.91	0.07	151.35
10	27.30	14.17	0.70	13.47	91.00	13.00	0.00	143.56	0.08	199.97

2. 降水量与裂果

2011年8月1日到10月27日，调查分析红枣裂果率与降雨量的关系，见图1-36、1-37。在此期间降雨最长持续时间达7h，最大日降雨量14.0mm，2011年8月28至9月5日有较强间断性阴雨天气过程；同期枣果的裂果率达到整个生长季节中的最高值31.2%。裂果率变化曲线与降雨量曲线基本一致，表明降雨与裂果之间关系密切。

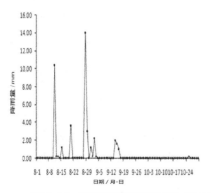

图1-36 枣果成熟期降雨变化(2011年)

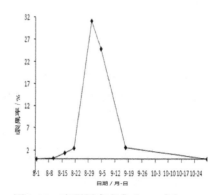

图1-37 枣裂果率变化(2011年)

3. 其他气象因子与枣裂果

针对9月中下旬和10月初，由日灼引起大量裂果的现象，将红枣裂果率与温度、湿度、太阳辐射、温差和土壤水势进行相关分析，仅从红枣裂果与气象指标单一关系来看，太阳辐射、外界温度对红枣裂果没有明显相关性，而当相对湿度≥80%，日均温差≥16℃，土壤水势升高时，红枣裂果率显著增高。

4. 气象因子与骏枣裂果综合分析

对枣园各主要气象因子的相关性分析结果表明（表 1-30），裂果率与月均温度、土壤水势呈正相关关系，而与最大温度、最低温度、外界湿度、露点温度、雨量、太阳辐射呈负相关关系，其中 X_1、X_4、X_5、X_7 达到显著相关，X_5 达到极显著水平。

表 1-30 裂果率与气象因子相关性

	月均温度	最高温度	最低温度	温差	外界湿度	露点温度	雨量	太阳辐射	蒸发	土壤水势
	X_1	X_2	X_3	X_4	X_5	X_6	X_7	X_8	X_9	X_{10}
月均温度	1.00									
最高温度	0.96	1.00								
最低温度	0.95	1.00	1.00							
温 差	−0.90	−0.96	−0.97	1.00						
外界湿度	0.66	0.69	0.70	−0.72	1.00					
露点温度	0.76	0.82	0.84	-0.91	0.89	1.00				
雨 量	0.58	0.36	0.36	−0.33	0.39	0.29	1.00			
太阳辐射	0.89	0.94	0.94	−0.93	0.53	0.71	0.40	1.00		
蒸 发	0.40	0.26	0.21	−0.05	−0.26	−0.28	0.51	0.33	1.00	
土壤水势	0.85	−0.89	−0.89	0.82	−0.40	−0.54	−0.35	−0.96	−0.51	1.00
裂果率 Y	0.20*	0.01	0.01	−0.01*	0.29*	0.23	0.73**	−0.21	−0.68	0.22

注：*表示在 5%的显著性水平下显著；**表示在 1%的显著性水平下显著。

对 10 个气象因子逐步回归分析，从中再选出主要因子 X_1、X_4、X_5、X_7 建立回归方程：$Y = -2.67 + 0.011X_1 + 0.05X_4 + 0.02X_5 - 13.96X_7$；

偏相关系数：$r(y, X_1) = 0.944$，$r(y, X_4) = 0.9755$，$r(y, X_5) = 0.9964$，$r(y, X_5) = -0.9976$；

裂果率与月均温度正相关，偏相关系数为 $r_{(裂果率, 月均温度)} = 0.944$；

裂果率与温差正相关，偏相关系数为 $r_{(裂果率, 温差)} = 0.9755*$；

裂果率与外界湿度正相关，偏相关系数为 $r_{(裂果率, 外界湿度)} = 0.9964**$；

裂果率与雨量负相关，偏相关系数为 $r_{(裂果率, 雨量)} = -0.9976**$。

通过直接通径系数绝对比较，对裂果有重要作用的气象因子为月均温度、温差、外界湿度、雨量，其中降雨量极显著，再由间接通径系数表说明，4 种因子会相互通过彼此关联对裂果产生综合作用。

表 1-31 裂果率与月均温度、温差、外界湿度、雨量通径系数

	偏相关	t 检验值	p-值
$r(y, X_1) =$	0.944	2.8617	0.1035
$r(y, X_4) =$	0.9755	4.4376	0.0472
$r(y, X_5) =$	0.9964	11.753	0.0072
$r(y, X_7) =$	-0.9976	14.495	0.0047
	决定系数=0.99724，剩余通径系数=0.0231。		

第二章　骏枣光合生理生态与调控

第一节　骏枣光合生理特性研究

　　光合作用通常是指绿色植物吸收光能，把二氧化碳和水合成有机物，同时释放氧气的过程。光合作用是地球上规模最巨大的把太阳能转变为可贮存的化学能的过程，也是规模最巨大的将无机物合成有机物和释放氧气的过程（王忠，2002）。光合作用是异养生物赖以生存的基础，为异养生物提供食物来源和氧气（蒋高明，2004）。光合作用氧气的大量释放和积累形成了大气表面的臭氧层，臭氧吸收阳光中对生物有害的紫外辐射，才具备生物从水中到陆地生活和繁衍的条件。光合作用是生物界获得能量、食物及氧气的根本途径，没有光合作用就没有世界上的植物、动物和我们人类的生存、繁衍和发展。

　　光合作用是生物界所有物质代谢和能量代谢的物质基础，它包括一系列光物理、光化学和生物化学转变的复杂过程，在光合作用的原初反应，将吸收光能传递、转换为电能的过程中，有一部分光能损耗是以较长的荧光方式释放的。植物体内叶绿素（ch1）通过自己直接吸收的光量子（hr1）或间接通过天线色素吸收的光量子（hr2）得到能量，使分子从基态（S_0）上升到较高能级的不同激发态，然后很快通过内转换降低到最低的第一单线态（S_1），再通过不同的去激途径回到基态（赵会杰等，2000）。这些去激途径包括引起发射荧光、光化学反应、热能耗散等。大量实验证明，PSⅠ色素系统基本不发荧光（Krause，1991），绝大部分植物体内叶绿素荧光来自 PSⅡ 的天线色素系统。叶绿素荧光动力学技术被称为测定叶片光合功能快速、无破坏的探针（Ballm，1994；Dau，1994；Schrieber，1990），尤其是近年来随着叶绿素荧光理论和测定技术的不断发展，大大推动了光合作用快速原初反应及其他有关光合机理的研究。

　　枣树的光合作用同其他植物一样，受内外因素的影响（Vu，*et al.*，1997；Crafts—Brandner *et al.*，2000；Sharkey，2000；姜小文等，2003）。衡量内外因素对光合作用影响程度的常用指标是光合速率。光合速率是描述光合作用强弱的直接指标，指单位面积叶片在单位时间内同化 CO_2 的量，其高低反映了叶片合成有机物质能力的强弱，表明了树木积累营养物质能力的大小，是影响叶片水分利用效率的直接因子。影响光合作用的环境因子主要是光照强度、温度、CO_2 浓度、水分和矿质元素等；内部因素主要是物种与品种特性、叶龄叶位、叶绿素含量、光合产物和植物激素等。本节主要研究干旱区骏枣在不同物候期净光合速率日变化曲线、骏枣的光饱和点和补偿点、不同叶位叶片的光合能力等。

一、材料与方法

（一）试验材料与方法

1. 试验材料

试验以3年生骏枣嫁接苗为试材，砧木为酸枣，株高1.2～1.5m，10cm处平均地径3.20cm，常规管理。

2. 净光合速率(Pn)及相关数据的测定方法

测定叶片净光合速率时，选取成熟的有代表性的骏枣叶片并不改变叶片着生角度，使用美国LI-COR公司生产的Li-6400光合作用测定仪，采用开放式气路进行测定，测量得到的数据包括净光合速率(Pn)、胞间CO_2浓度(Ci)、气孔导度(Cond)、水压亏缺(Vpdl)、蒸腾速率(Tr)、大气温度(Ta)、叶温(Tl)、空气相对湿度(RH)、光合有效辐射(PAR)、环境CO_2浓度(Ca)等参数，每个测定至少3次重复。

1. Pn-PAR 响应曲线的测定

测定光响应曲线之前，应在饱和光强下诱导至稳定的最大净光合速率，通常进行光诱导30min以上。光响应曲线测定时，采用LED红蓝光源进行光强控制：温度30±0.5℃，光强梯度自高到低设定1600μmol/(m²·s)、1400μmol/(m²·s)、1200μmol/(m²·s)、1000μmol/(m²·s)、800μmol/(m²·s)、600μmol/(m²·s)、400μmol/(m²·s)、200μmol/(m²·s)、150μmol/(m²·s)、100μmol/(m²·s)、50μmol/(m²·s)、20μmol/(m²·s)、0 μmol/(m²·s)。CO_2浓度设定为400μmol/mol，由CO_2钢瓶控制浓度。进入测量程序，并自动记录测量数据，3次重复。Pn-PAR响应曲线拟合方程由拟合软件直接得出并计算出光饱和点、光补偿点、表观量子效率等。

2. Pn- Ci 响应曲线的测定

CO_2响应曲线测定，光强采用LED红蓝光源控制，自高到低设定CO_2浓度为1800μmol/mol、1500μmol/mol、1200μmol/mol、1000μmol/mol、800μmol/mol、600μmol/mol、400μmol/mol、200μmol/mol、150μmol/mol、100μmol/mol、80μmol/mol、50μmol/mol、20μmol/mol。测量前进行光诱导30min以上，光强设定为1000μmol/(m²·s)，温度30±0.5℃，3次重复。Pn- Ci响应曲线拟合方程由拟

合软件直接得出。

3. Pn-Ti 测定

温度响应曲线测定，在光响应曲线测定的基础上控制Block温度，在20℃～40℃之间，每5℃为一梯度进行测定，3次重复。绘制Pn-Ti响应曲线。

4. 叶绿素相对含量测定

使用SPAD-502叶绿素仪进行测定。

5. Pn 季节变化测定

在骏枣不同生长时期(6～10月)，选取晴好天气，选取树冠外围中上部枝条向阳枣吊(4～6叶位)叶片，采用开放式气路，从上午9：00到晚上21：00，每1h测量一次，所有光合数据均由Li-6400光合作用测定仪直接测得，3次重复。

6. 花期 Pn 日变化测定

6月中下旬，骏枣盛花期时，选取晴好天气，采用开放式气路，从上午9：00到晚上21：00，每1h测量一次，所有光合数据均由Li-6400光合作用测定仪直接测得，3次重复。

二、结果分析

(一)骏枣不同物候期光合特性

1. 净光合速率(Pn)的日变化

图2-1可以看出，骏枣在不同生长期，净光合速率的日变化曲线不尽相同，花期和白熟期表现为双峰型曲线，膨大期和完熟期表现为三峰型曲线。花期和白暑期午间14：00，Pn处于双峰之间的波谷，存在明显的"午休"现象。花期的双峰型比较明显，净光合速率峰值出现在11：00和15：00，第一峰值17.81μmolCO$_2$/(m^2·s)明显大于第二峰值13.06μmolCO$_2$/(m^2·s)，相差25%左右；而白熟期净光合速率在相当长一段时间内维持较高水平，净光合速率(Pn)变化较平坦，午间14：00，Pn值处于波谷，"午休"现象并不明显。三峰型曲线的膨大期和完熟期的前两个峰值都出现在12：00及14：00，17：00(完熟期)、18：00(膨大期)出现第三个峰值；且第一、二峰值差异不大，都比第三峰值高。

骏枣生育期 Pn 值比较：膨大期 > 白熟期 > 花期 > 完熟期。

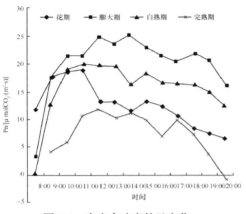

图 2-1　净光合速率的日变化

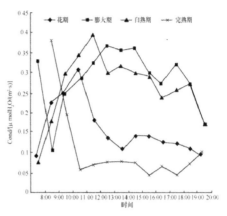

图 2-2　气孔导度的日变化

2. 气孔导度(Cond)的日变化

图2-2，可以看出，气孔导度的变化，花期和白熟期相似，存在明显的峰值，为双峰型曲线。

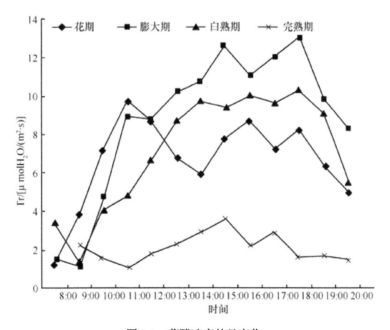

图 2-3　蒸腾速率的日变化

花期气孔导度从8：00左右开始升高，11：00达到第一峰值，接着下降，15：00左右处于谷底，此后开始增加，17：00左右到达第二峰值，然后开始持续下降。

白熟期，气孔导度最大峰值位于12：00左右，之后降低并维持较长时间的稳定，19：00左右再一次上升，然后不断下降。

膨大期，气孔导度在8：00很高，9：00时很低，与花期和白熟期的测量值相当，此后随时间不断增加，13：00～15：00相对稳定，此后逐渐下降，18：00出现第二峰，然后不断下降，但是在最后一次测量中出现了上升现象，其值大小与第一次值相当.完熟期，第一次情况与白熟期相似，数值很高，从第二次测量开始，维持在较低水平，波动不大，与其它各时期不同的是，17：00后呈上升态势。

3.蒸腾速率(Tr)的日变化

图2-3可以看出，总体比较生育期骏枣Tr值：膨大期 > 白熟期 > 花期 > 完熟期。完熟期的蒸腾速率最低，花期、膨大期和完熟期的Tr日变化有一定的相似性，均存在明显的峰值，白熟期则不同，峰值不明显，呈一平坦的曲线。

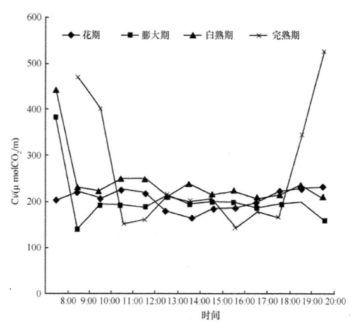

图 2-4 胞间 CO_2 浓度的日变化

4. 胞间 CO_2 浓度(Ci)的日变化

图2-4可以看出，各个生长时期，胞间CO_2浓度的日变化基本一致，第一次和最后一次测量时Ci值很高，其余时段相对稳定在较低水平，在160～240μmol/mol。

(二)气象因子对骏枣净光合速率的影响

1. 骏枣不同物候期净光合速率与气象因子的相关性分析

为进一步探索气象因子(光照强度、温度、空气相对湿度)对净光合速率的影响,采用Spss17.0对数据进行相关性分析,结果见表2-1。

表 2-1　不同物候期骏枣叶片日净光合速率与气象因子的相关性

生长时期		净光合速率(Pn)	温度(Ta)	相对湿度(RH)	光强(PAR)
花期	Pn	1.000			
	Ta	0.416	1.000		
	RH	0.442	−0.991**	1.000	
	PAR	0.482	0.428	−0.439	1.000
膨大期	Pn	1.000			
	Ta	0.618*	1.000		
	RH	−0.662**	−0.977**	1.000	
	PAR	0.918**	0.794**	−0.846**	1.000
白熟期	Pn	1.000			
	Ta	0.447	1.000		
	RH	−0.462	−0.952**	1.000	
	PAR	0.907**	0.712**	−0.739**	1.000
完熟期	Pn	1.000			
	Ta	0.153	1.000		
	RH	0.040	−0.948**	1.000	
	PAR	0.904**	0.311	−0.207	1.000

注:*表示在5%的显著性水平下显著;**表示在1%的显著性水平下显著。

从表2-1可知,花期,骏枣的Pn与Ta、RH、PAR呈正相关,但不显著,花期对骏枣净光合速率影响的关键因子需进一步深入的研究;膨大期,骏枣的Pn与PAR呈极显著正相关(r=0.918),与Ta呈显著正相关(r=0.618),与RH呈极显著负相关(r=0.662),表明膨大期增加温度和光强,降低空气湿度有利于提高骏枣的净光合速率;白熟期,Pn与PAR呈极显著正相关(r=0.907),与Ta呈正相关,与RH呈负相关,不显著,表明白熟期增加光强有助于提高骏枣的净光合速率;完熟期,Pn与PAR呈极显著正相关(r=0.904),与Ta和RH呈正相关,但不显著,提高光强有有助于增加骏枣净光合速率。由此我们可以得知,在骏枣的生长和发育过程中,光强(PAR)是骏枣净光合速率的限制性因子,温度(Ta)和湿度(RH)对骏枣净光合速率的影响也不容忽视。

2. 花期净光合速率与环境因子相关性分析

图2-5可知,骏枣Pn日变化曲线呈现不规则的双峰型:Pn值从8:00开始即快速增长,到9:00已达17.81μmol CO_2/(m^2 · s)接近峰值,在11:00达到第一峰值19.00μmol CO_2/(m^2 · s);然后快速下降,在12:00～4:00保持较低水平,存在

明显的"午休"现象；15：00前后达到第二峰值13.06μmol CO$_2$/（m^2·s）；此后随着光照强度的减弱，Pn值不断降低。气孔导度日变化与Pn日变化十分相似，为典型的双峰曲线，且两个峰值与一个波谷出现的时间与Pn一致。

从图2-6可以得知，蒸腾速率（Tr）也与Pn和Cond的日变化基本一致，Tr在11：00达到最高峰值9.74μmolH$_2$O /（m^2·s），在14：00最低5.93 μmolH$_2$O /（m^2·s），此后不断增加，16：00达到第二峰值8.72 μmolH$_2$O /（m^2·s），此后逐渐降低，至18：00达第三峰值，8.17μmolH$_2$O /（m^2·s），后稳步下降。Vdpl在19：00之前，基本处于缓慢上升状态，19：00后随着气温的下降逐渐降低。

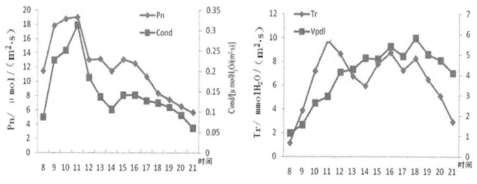

图2-5　净光合速率和气孔导度的日变化　　　图2-6　蒸腾速率和叶片水压亏缺的日变化

净光合速率的影响因素是多方面的，诸如Ta、RH、PAR、CO$_2$等环境因子以及由其而引发的Cond、Ci、Tr、Vpdl等生理生化因子。为进一步研究各因子之间的关系，采用Spss17.0对数据进行相关性分析。

从表2-2可知，骏枣的Pn与Cond呈极显著正相关（r=0.890），与PAR（r=0.520）、Tr（r=0.498）和RH（r=0.310）呈正相关，与Ta、Vpdl、CO$_2$、Ci呈不显著负相关。大气温度（Ta）主要影响蒸腾速率、叶片水压亏缺及空气相对湿度，Ta与Tr（r=0.654）呈显著正相关，与Vpdl（r=0.938）、与RH（r=-0.998）呈极显著负相关；Cond与Tr呈显著正相关（r=0.671），与CO$_2$浓度呈显著负相关（r=-0.644）；Vdpl与RH呈极显著负相关（r=-0.995）。

表2-2　花期净光合速率与环境因子的相关分析

参数	Pn	Cond	Ci	Tr	Vpdl	RH	Ta	CO2	PAR
Pn	1.000								
Cond	0.890**	1.000							
Ci	−0.123	0.321	1.000						
Tr	0.498	0.671*	0.372	1.000					
VpdL	−0.467	−0.310	0.214	0.465	1.000				
RH	0.310	0.105	−0.335	−0.598*	−0.955**	1.000			

参数	Pn	Cond	Ci	Tr	Vpdl	RH	Ta	CO2	PAR
Ta	−0.275	−0.270	0.422	0.654*	0.938**	0.988**	1.000		
CO2	−0.483	−0.644*	−0.364	−0.864**	−0.426	0.630*	−0.652	1.000	
PAR	0.520	0.458	−0.119	0.799**	0.418	−0.516	0.494	−0.775*	1.000

注：*表示在5%的显著性水平下显著；**表示在1%的显著性水平下显著。

3. 光照强度对骏枣净光合速率的影响

从图2-7我们可以看出，在晴好天气下，使用Li-6400光合作用测定仪，控制CO_2浓度为400μmol/mol，不同温度模块下，测得的光合响应曲线的变化规律大致相同，Pn值随着光照强度的增加而升高，光饱和点在不同温度下不尽相同，使用Photosynthesis光合数据分析软件计算出骏枣的一系列参数值。在25℃时，光饱和点为1148.4μmol/（m^2·s），补偿点为10.8μmol/（m^2·s），表观量子效率为0.055。

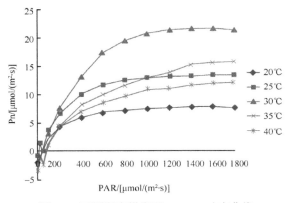

图2-7　不同温度梯度下 Pn-PAR 响应曲线

4. 温度对骏枣净光合速率的影响

温度是植物地理分布和光合生产力的一个重要的环境决定因素。在一定的温度范围内，在正常的光照强度下，温度升高会促进光合作用的进行，但温度升高也会促进呼吸作用。温度不适会影响果树正常生理活动而造成光合速率降低，如影响酶的活性、叶片气孔的关闭、水分供给等。

不同的温度梯度下，骏枣的净光合速率不同，在控温20℃、25℃、30℃、35℃、40℃条件下，Amax的变化如图2-7所示。从图2-7中可以看出，在其他控制条件相同的情况下，Pn值随着温度的升高而升高，在温度达到30℃时骏枣的Pn值最高，此后Pn值维持相对稳定，由此可知骏枣的光合最适温度为30℃左右。

5. CO_2浓度对骏枣净光合速率的影响

　　植物进行光合作用所同化的CO_2，主要来源于周围的空气。空气CO_2浓度的变化可以对光合速率产生明显的影响。从图2-8中可以看出，控制光强为1200μmol/(m²·s)，骏枣的净光合速率随CO_2浓度的升高而增加，尤其是在CO_2浓度为20μmol/mol、50μmol/mol、80μmol/mol、100μmol/mol、150μmol/mol、200μmol/mol、400μmol/mol时，Pn值呈线性增加，CO_2浓度至1200μmol/mol后，Pn值不再随着CO_2浓度的升高而继续增加。

　　单因素下，骏枣的净光合速率随着光强的增大而不断升高，当光强达到其饱和光强时1148.4μmol/(m²·s)，净光合速率不再增加，保持相对稳定的状态；净光合速率随着温度的升高而增加，但当温度超过其最适温度（30℃）后，净光合速率反而下降；在低的CO_2浓度下，Pn-Ci曲线的近似线性部分，而在较高的CO_2浓度下，非线性部分则反映了羧化酶催化的再生能力，CO_2浓度过高会对叶片细胞产生毒害作用。

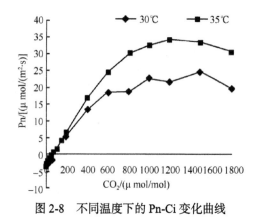

图 2-8　不同温度下的 Pn-Ci 变化曲线

（三）叶位及叶绿素含量对骏枣净光合速率的影响

1. 骏枣不同叶位叶片净光合速率的比较

　　前人的大部分研究均证明，植物的光合能力与叶位叶龄有关，即使同一品种不同叶片的净光合速率也不同。从图2-9可以看出，枣吊叶片的Pn值自枣吊基部往下至枣吊顶部完全展开叶，Pn值基本上呈现持续下降的趋势，并且由于枣吊上叶片互生，其叶片之间Pn值下降幅度不大。

　　从图2-9还可以看出，上部枣吊的叶片光合能力以第一位和第三位的Pn值最高，此后逐渐下降，第九位、十位Pn值最低，平均Pn值与5～7位Pn值相当。中部枣吊第一位Pn值最高，平均Pn值与其5～6位Pn值相当。下部枣吊的Pn值同样随着叶位的增加而逐渐降低，平均Pn值与其5位或6位Pn值相当。不同部位枣吊的净光合速率总体表现为：上部枣吊＞中部枣吊＞下部枣吊。中部枣吊的平均Pn值可以代表整个枣树光合能力。

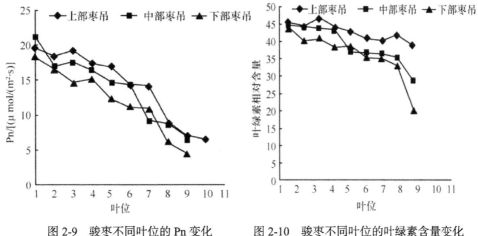

图 2-9　骏枣不同叶位的 Pn 变化　　　　图 2-10　骏枣不同叶位的叶绿素含量变化

2. 不同叶位的叶绿素含量差异

从图2-10可以看出，无论是上部、中部还是下部枣吊，其叶片叶绿素含量从基部往下至枣吊顶部呈现不断降低的趋势。枣吊中部位置的叶绿素含量相对稳定，其叶绿素相对含量平均值与5～8位值相当，由此在对枣吊叶绿素含量测量时，中部枣吊叶片5～8位叶绿素相对含量能够代表整个枣吊叶绿素相对含量。

3.净光合速率与叶绿素相对含量的相关性

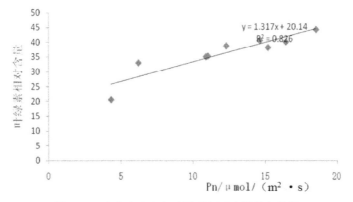

图 2-11　净光合速率与叶绿素相对含量的相关性

从图2-9和图2-10可以看出骏枣的Pn值和叶绿素含量的变化趋势较为一致,均随着叶位的升高而不断下降。于是,以骏枣中部枣吊不同叶位的Pn值和叶绿素相对含量做Pn-Chl曲线,并作拟合方程,结果表明,Pn与Chl的变化呈正相关(图2-11,$y=1.317x+20.4$,$R^2=0.826$)。

第二节　外源激素对枣光合作用的影响

植物激素对植物的生长发育产生显著的调节作用,一些研究已经表明,植物激素生长素、细胞激动素和赤霉素对光合有促进作用,而脱落酸和乙烯对光合有抑制作用。研究主要集中在小麦、水稻、大豆、玉米等作物和一些蔬菜上,在果树上的研究相对较少。

研究认为,在玉米发育期间,净光合速率的瞬间高峰与细胞分裂素浓度的高峰有关。在叶片衰老期间,激动素可以轻微促进蛋白质合成,但可以有力地抑制蛋白质降解,因此延长Rubisco的功能期(Nath,1994;Chernyadv,1994。)。郑殿峰研究了3种植物调节剂对大豆的光合作用影响,结果表明,3种调节剂均提高了大豆叶片的光合速率,而且通过使用植物生长调节剂加速了大豆各层叶片夜间光合产物的输出。曹柳青等(2006)以冬枣为试材,研究了花期赤霉素对叶片净光合速率的影响,研究表明,较低浓度的赤霉素处理能够减小"午休"时冬枣叶片光合速率的下降幅度,但是高浓度赤霉素(80mg/l以上)处理却会增大"午休"时叶片光合速率下降的幅度。

本节主要研究喷施GA₃、ABA、GA₃与ABA的混合液对红枣光合特性的影响。

一、材料与方法

试验地位于阿克苏市红旗坡农场新疆农业大学科研基地红枣园内,主栽密度为2m×1.5m,土壤为沙壤土,有机质含量12.32g/kg,有效氮50 mg/kg,有效磷15mg/kg,有效钾236mg/kg。试验以3年生骏枣嫁接苗为试材,砧木为酸枣,株高1.2～1.5m,10cm处平均地径3.20cm,常规管理。

试验过程中,对骏枣叶片分别喷施了GA₃、ABA、GA₃与ABA的混合液,喷施浓度均为10ppm,以喷施清水和未喷施液体(正常条件)作为对照,每个方案喷施骏枣一行,喷施过程中要均匀,保持喷施强度一致,待喷施液被吸收后,进行测量。

二、结果分析

(一)植物激素对骏枣净光合速率(Pn)的影响

从图2-12可以看出,5种处理的净光合速率变化趋势大体相同,Pn值总体上:正常条件 > ABA > GA₃ > 清水 > GA₃+ABA。在10:46之前的净光合速率变化除GA₃外,都呈先升后降的趋势,在10:46,Pn值:GA₃=ABA=正常条件 > 清水 > GA₃+ABA;在10:46以后的净光合速率变化都呈下降趋势,最终Pn值:ABA > GA₃ > 正常条件 > 清水 > GA₃+ABA。

喷施GA₃后,净光合速率存在一个下降,但很快又得到恢复的过程,约持续了30min,导致这一变化的原因尚有待进一步深入的研究。

此外,从图2-12中我们还可以发现无论喷施清水还是喷施植物激素,骏枣的同期Pn值总要比正常条件下的Pn值低1~3个值。

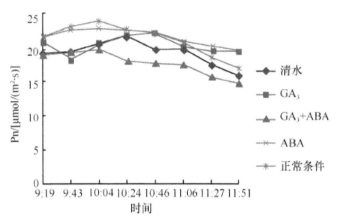

图 2-12　不同激素处理枣叶的净光合速率的变化

(二)植物激素对骏枣气孔导度(Cond)的影响

从图2-13可以看出,随着时间的变化,气孔导度呈先升后降的趋势,表现为开口向下的抛物线型;骏枣叶片喷施液体后,无论是喷施清水还是植物激素,其Cond都要比正常条件下的低,整体上看,喷施正常条件 > ABA > GA₃ > 清水 > GA₃+ABA,与净光合速率的变化基本一致;10:24前,喷施清水和GA₃后叶片的Cond测定值基本相等,其后GA₃的测定值大于清水对照;喷施ABA后叶片的气孔导度要比喷施GA₃、GA₃+ABA+清水整体上高10%以上。

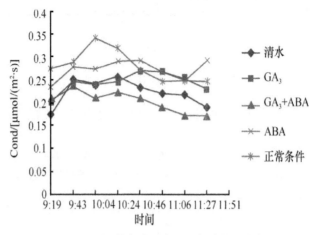

图 2-13　不同激素处理枣叶的气孔导度变化

（三）植物激素对骏枣蒸腾速率（Tr）的影响

图2-14可知，不同激素处理的枣叶蒸腾速率的变化规律基本一致：在10：46之前，各处理蒸腾速率均呈稳步上升趋势；10：46之后，各处理Tr均维持相对稳定水平或略降低后缓慢上升。自然条件下的Tr的变化规律总体上与激素处理一致。只是拐点温度略有提前，在10：24左右；其后经历了一个较明显的下降期后才逐渐上升。

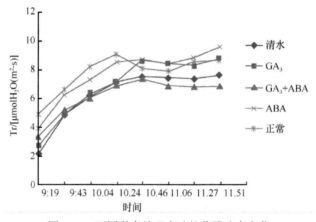

图 2-14　不同激素处理枣叶的蒸腾速率变化

第三节　施肥对枣树光合特性的影响

矿质营养是植物进行光合作用的物质基础，许多矿质元素是光合作用不可缺少的。除构成叶绿体的结构外，光合作用中的一系列生化反应及能量转换都需要众多的矿质元素参与(吴韩英等，2001)。为进一步扩大影响，提高果质及果树的光能利用率，在今后的发展中，更应采取合理的施肥管理技术。目前有关红枣施肥对产量和品质影响的研究较多，但施肥对枣光合特性的机理性研究较少。本节通过测定施肥对枣各种光合作用参数的影响，对科学施肥管理、提高品质具有重要意义。

一、材料与方法

试验于 2011 年在阿克苏市红旗坡农场 10 队 5 年生枣园(1.5m×2.0m 栽培型)进行，全年施肥总量为：纯 N($675kg/hm^2$)、P_2O_5($540kg/hm^2$)、K_2O($135kg/hm^2$)。在萌芽前期、开花期、果实膨大期设计 N、P、K 不同配施比例施肥处理，具体设计见表 2-3，共设 6 个处理，随机区组排列，重复 3 次。每小区 10 株树(小区面积 $30m^2$)。施肥方式为辐射状沟施，全园管理方式相同。

在红枣生长旺盛的果实膨大期，选择晴朗天气利用自然光照，用 Li-6400 光合作用测定仪，配备红蓝光源(6400-02B)测定净光合速率(Pn)、气孔导度(Cond)、胞间 CO_2 浓度(Ci)和蒸腾速率(Tr)。每处理选取生长较为一致的植株 5 株，标记成熟叶片，每叶片以 3 次读数的平均值作为测定值，选择晴天测定，从 9：00 开始，每 2 小时观察记录 1 次。

表 2-3　施肥设计(单位：kg/hm^2)

处理	萌芽前期			开花期			果实膨大期期		
	纯 N	P_2O_5	K_2O	纯 N	P_2O_5	K_2O	纯 N	P_2O_5	K_2O
1	270	540	135	202.5	0	0	202.5	0	0
2	270	135	135	202.5	0	0	202.5	405	0
3	270	180	135	202.5	180	0	202.5	180	0
4	270	180	67.5	202.5	180	0	202.5	180	67.5
常规	450	300	225	0	0	0	450	300	225
CK	0	0	0	0	0	0	0	0	0

二、结果分析

(一)施肥对枣叶绿素含量的影响

植物叶片中叶绿素含量状况是植物与外界发生能量交换的重要条件。叶绿素含量往往是外界胁迫、光合作用能力和发育衰老各阶段的良好指示剂(Deell et al.，1997)。由表 2-4 可知，不同时期 N、P、K 施肥比例对枣叶片叶绿素含量的影响不一。

与 CK 处理相比，各施肥处理叶绿素含量均高于 CK，较 CK 处理开花期增幅 1%～7%，幼果期增幅 2%～7%，果实膨大期增幅 1%～6%，果实成熟期增幅 3%～15%。处理 1、2、3、4 与常规处理及 CK 在不同时期叶绿素含量都存在显著差异；而常规处理与 CK 相比，大多数时期叶绿素含量差异不显著。表明改变施肥方式对提高红枣叶片叶绿素的含量意义重大。

表 2-4　叶片叶绿素含量的 SPAD 值

处理	开花期	幼果期	果实膨大期	果实成熟期
1	38.03±1.76a	41.17±0.85ab	45.77±0.35b	37.17±1.35c
2	36.57±0.91ab	41.03±0.31ab	44.87±0.40cd	37.83±0.99bc
3	37.30±0.62ab	41.53±1.25ab	45.63±0.45bc	38.53±0.87b
4	38.23±0.87a	41.70±0.95a	46.73±0.46a	40.57±0.80a
常规	36.17±1.15b	40.07±0.25bc	44.60±0.46d	36.50±0.98cd
CK	35.77±0.60b	39.10±0.56c	44.23±0.31d	35.40±0.79d

注：小写字母表示在 5%的显著性水平下显著。

由图 2-15 可知，红枣生育期内，各处理叶片叶绿素含量的变化趋势均为先增加后降低。叶片叶绿素含量从开花期至果实膨大期迅速升高，最大值均出现在果实膨大期，SPAD 值分别为 45.77、44.87、45.63、46.70、44.23。说明此时叶片光合作用最强，能更好地为果实生长及营养物质的积累提供能量支撑。在果实成熟期时开始下降。原因可能与枣树叶片含水量有关。不同时期各处理叶片叶绿素含量的大小顺序为处理 4>处理 1>处理 3>处理 2>常规处理>CK 处理。不同时期 N、P、K 施肥比例处理中，处理 4 的叶绿素含量值最大，各时期叶绿素的 SPAD 值分别为 38.23、41.70、46.73、40.57。实验结果表明适宜 N、P、K 比例对叶绿素的提高有显著作用。

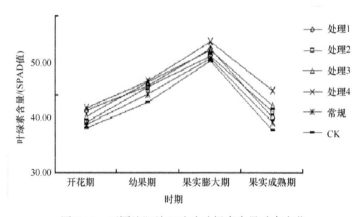

图 2-15　不同施肥处理叶片叶绿素含量动态变化

(二)施肥对骏枣光合特性的影响

1. 施肥对骏枣净光合速率的影响

不同 N、P、K 施肥比例对骏枣叶片净光合速率的影响见图 2-16。

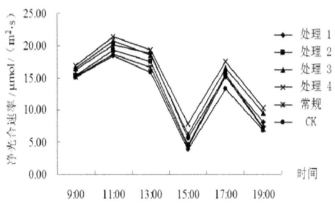

图 2-16 不同施肥处理骏枣叶片净光合速率日变化

各处理骏枣叶片光合速率日变化均为典型的中午降低型双峰曲线，净光合速率最高峰出现在上午 11：00，此时间段内净光合速率的大小顺序为：处理 4>处理 3>处理 1>处理 2>常规>CK，其中处理 4 净光合速率最高，为 21.33μmolCO₂/(m²·s)。15：00 达到最低值，表现明显的光合午休现象，此时间段内以 CK 的光合速率最低，为 3.86μmol/(m²·s)。

施肥处理各时间段内的净光合速率均大于 CK 处理,平均最大提高 12%、16%、21%、103%、32%、50%。说明施肥有利于提高骏枣树净光合速率。

施肥处理各时间段内的净光合速率均大于常规处理,说明适宜的 N、P、K 施肥比例能更好地提高红枣树的净光合速率。其中以处理 4 最为突出，各时间段内的净光合速率较常规提高 11%、14%、16%、82%、15%、44%。

2. 施肥对骏枣叶片气孔导度的影响

不同 N、P、K 施肥比例对骏枣叶片气孔导度的影响见图 2-17。各处理枣叶片气孔导度日变化曲线呈双峰型，与净光合速率极相似，在 11：00 达到最高，此时间段内气孔导度的大小顺序为：处理 4>处理 3>处理 1>处理 2>常规>CK，其中处理 4 气孔导度最高，为 355.2μmol/(m²·s)。15：00 达到最低值，此时间段内以 CK 的气孔导度最低，为 62.8μmol/(m²·s)。

施肥处理各时间段内的气孔导度均大于 CK 处理，平均增加 5%、8%、10%、20%、6%、6%。说明施肥有利于骏枣叶片气孔导度的提高。

施肥处理各时间段内的气孔导度均大于常规处理，说明适宜的 N、P、K 施肥比例能更好地提高红枣树的气孔导度。其中以处理 4 最为突出，各时间段内的气孔导度较常规提高 34%、25%、30%、132%、129%、96%。

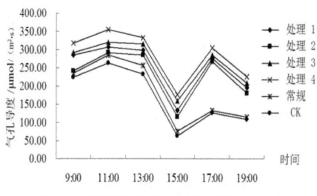

图 2-17　不同施肥处理骏枣叶片气孔导度日变化

3. 施肥对骏枣叶片胞间 CO_2 浓度的影响

不同 N、P、K 施肥比例对骏枣叶片胞间 CO_2 浓度的影响见图 2-18。各处理骏枣叶片胞间 CO_2 浓度日变化曲线呈先降低后增加的趋势，在 9：00 达到最高，此时间段内胞间 CO_2 浓度的大小顺序为 CK>常规>处理 2>处理 1>处理 3>处理 4，其中，CK 胞间 CO_2 浓度最高，为 325.6μmol/mol。11：00 达到最低值，此时间段内以处理 4 的胞间 CO_2 浓度最低，为 175.4μmol/mol。

施肥处理各时间段内的胞间 CO_2 浓度均小于 CK 处理，平均最大降幅可达 16%、27%、21%、22%、26%、18%。说明施肥有利于骏枣叶片的胞间 CO_2 浓度的降低。

施肥处理各时间段内的胞间 CO_2 浓度均小于常规处理，说明适宜的 N、P、K 施肥比例能更好地降低红枣树的胞间 CO_2 浓度。其中以处理 4 最为突出，各时间段内的胞间 CO_2 浓度较常规降低 13%、22%、14%、18%、24%、15%。

4. 施肥对骏枣叶片蒸腾速率的影响

不同 N、P、K 施肥比例对骏枣叶片蒸腾速率的影响见图 2-19。

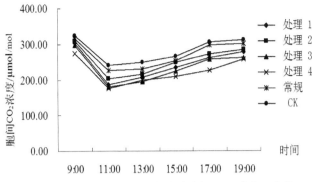

图 2-18　不同施肥处理骏枣叶片胞间 CO_2 浓度日变化

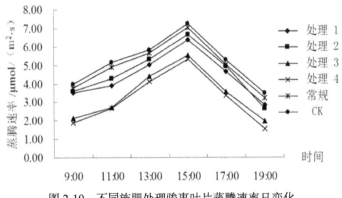

图 2-19　不同施肥处理骏枣叶片蒸腾速率日变化

各处理骏枣叶片蒸腾速率日变化曲线呈单峰型，在 15：00 达到最高，此时间段内蒸腾速率的大小顺序为 CK>常规>处理 2>处理 1>处理 3>处理 4，其中处理 4 蒸腾速率最低，为 5.32μmol/(m²·s)。19：00 时达到最低值，此时间段内以 CK 的蒸腾速率最高，为 3.49μmol/(m²·s)。

施肥处理各时间段内的蒸腾速率均小于 CK 处理，平均最大降幅可达 53%、48%、30%、27%、37%、56%。说明施肥有利于骏枣叶片蒸腾速率的降低。

施肥处理各时间段内的蒸腾速率均小于常规处理，说明适宜的 N、P、K 施肥比例能更好地降低红枣树的蒸腾速率。其中以处理 4 最为突出，各时间段内的蒸腾速率较常规降低 50%、45%、28%、24%、33%、52%。

综合分析得出，果实膨大期侧重施 P、K 肥(P_2O_5 180 kg/hm²，K_2O 67.5 kg/hm²)，有利于提高枣树叶片叶绿素含量、净光合速率和气孔导度，降低胞间 CO_2 浓度和蒸腾速率。

第四节　施肥对骏枣叶绿素荧光特性的影响

叶绿素荧光动力学技术被称为测定叶片光合功能快速、无破坏的探针，尤其是近年来随着叶绿素荧光理论和测定技术的不断发展，大大推动了光合作用快速原初反应及其他有关光合机理的研究。目前，国内外对植物体内叶绿素荧光动力学的研究已形成热点，并在光胁迫、温度胁迫、干旱胁迫等逆境生理研究中得到广泛应用，取得了大量优异的成果（Long，1994；Massacci et al.，1995）。但在果树研究中的应用较之其它农作物和蔬菜等相对较晚，也不够深入。本研究通过各时期荧光参数的变化来反应骏枣对各种营养的响应机制，为指导高产骏枣合理施肥提供参考依据。

一、材料与方法

试验于2011年4～9月在新疆阿克苏市红旗坡农场新疆农大试验基地进行，地理坐标为41°17′N，80°18′E，枣园面积2.67hm^2，品种为3年生的骏枣。采用连续激发式植物荧光效率仪Handy PEA（英国Hansatech 公司生产），于2011年5月下旬至9月下旬，对不同施肥处理下的骏枣花期、果实膨大期、成熟期的荧光参数进行测定。

（一）不同 N、P、K 处理

试验采用 4 种 N、P、K 纯肥处理（表 2-5），每个处理选取长势一致的 5 株骏枣，重复 3 次，取其均值，随机分布。对照选用尿素（N≥46%中国石油塔里木油田公司）和磷酸二铵（N+ P_2O_5≥64%云南云天化国际化工有限公司）按 1：2.5 的比例，每株 0.4kg 于萌芽期施。

表 2-5　不同时期 N、P、K 施用量（单位：kg/株）

处理	萌芽期施肥			花期施肥			果实膨大期施肥		
	N	P_2O_5	K_2O	N	P_2O_5	K_2O	N	P_2O_5	K_2O
A	0.176	0.368	0.079	0.132	0	0	0.132	0	0
B	0.176	0.092	0.079	0.132	0	0	0.132	0.276	0
C	0.176	0.123	0.079	0.132	0.123	0	0.132	0.123	0
D	0.176	0.123	0.040	0.132	0.123	0	0.132	0.123	0.040

注：根据试验地情况换算后的施肥量

（二）不同有机肥处理

试验采用五种施肥处理：A 新疆天物科技有限责任公司有机肥（有机质≥30%，N+P+K≥4%，活菌数≥2×10^{7}个/g）20kg/株；B北京世纪万业源有机肥（有机质≥30%，N+P+K≥5%，活菌数≥2×10^{8}个/g）0.42kg/株外加 30kg 羊粪；C 新疆天海腾惠科技有限公司有机肥（有机质≥30%，N+P+K≥6%，游离水≤20%）3kg/株；D 福州均鼎科技有限公司农晨微生物菌肥 0.075kg/株外加 30kg 羊粪；E 羊粪 30kg/株；CK 不施肥。每个处理选取长势一致的 5 株骏枣，重复 3 次。

(三)叶面喷施中量元素

试验采用硫磺、硝酸钙（Ca(NO₃)₂ · 4H₂O）、硫酸镁（MgSO₄ ·7H₂O）对骏枣叶面进行喷施。S 按（0.3g/L、0.6g/L、0.9g/L、1.2g/L、1.5g/L）五种浓度喷施；Ca 按（0.2g/L、0.4g/L、0.6g/L、0.8g/L、1.0g/L）五种浓度喷施；Mg 按（0.5g/L、1.0g/L、1.5g/L、2.0g/L、2.5g/L）五种浓度喷施。每种浓度选取 3 株长势一致的骏枣按 500ml/株进行喷施，重复三次。每隔 15d 喷施一次，喷清水 500ml/株作为对照。结果分析中浓度由低到高分别用 A、B、C、D、E 表示。

(四)叶绿素荧光参数的测定

采用连续激发式植物荧光效率仪 Handy PEA（英国 Hansatech 公司生产），于 2011 年 5 月下旬至 9 月下旬，对不同处理下骏枣花期、果实膨大期、成熟期的荧光参数进行测定。每个生育期测定三次，均在晴朗无风的天气进行。测定时选取骏枣当年生枝条顶端的向阳叶片，用暗适应夹夹住叶片中部，每次测定将叶片充分暗适应 30min。暗适应后将分析探头至于叶夹上，打开叶夹遮光片，叶片暴露在饱和脉冲光（3000mmol/(m²·s)）下 1s，从仪器中直接读取暗适应的初始荧光（F_0），最大荧光（Fm），可变荧光（Fv），PSII 最大光能转化效率（Fv/Fm），PSII 最大光能转化潜力（Fv/F_0）。各参数日变化从 8：00～20：00，每 2h 测定一次，每个处理选取同一植株的 4 个叶样进行测定。

二、结果分析

(一)不同 N、P、K 处理对骏枣叶绿素荧光参数的影响

1. 不同 N、P、`K 处理对花期骏枣叶片荧光参数日变化的影响

1)不同 N、P、K 处理花期骏枣叶片 F_0 日变化

花期 4 种施肥处理对骏枣叶片 F_0 日变化的影响如图 2-20 所示。由图可以看出，不同施肥处理间 F_0 的日变化总体趋势大体都呈现为先升高后降低的走势。其中除 B 处理外，A、C、D 及 CK 的 F_0 日变化峰值均出现在 12：00。初始荧光参数的升高，说明色素吸收的能量中流向光化学的部分减少，而以热和荧光形式的

能量增加。12：00～18：00 该参数迅速下降，说明此时色素吸收的能量绝大部分流向了光化学部分，因此这是一天中光合作用最强时段。20：00 随着光强减弱，光化学反应减弱导致初始荧光参数有所回升。B 处理 F_0 的峰值出现在 10：00，可能是其花期 N、P、K 肥施用量都有所减少的原因。

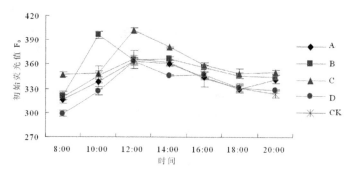

图 2-20　不同施肥处理对花期骏枣叶片 F_0 日变化的影响

2)不同 N、P、K 肥料处理对花期骏枣叶片 Fm 日变化

最大荧光 Fm 是 PSII 反应中心处于完全关闭时的荧光产量，可反映通过 PSII 的电子传递情况。Fm 的降低可以作为光抑制的一个特征。花期 4 种施肥处理对骏枣叶片 Fm 日变化的影响如图 2-21 所示。可以看出，A 和 C 处理 Fm 的日变化大体呈先降低后升高的趋势，B、D 处理及 CK 则大体呈现降-升-降的趋势。A、B、D 处理及 CK 的 Fm 最小值出现在 10：00，C 处理 Fm 的最小值出现在 12：00，Fm 值为 2195.3，且均高于 A、B、D 处理及 CK。

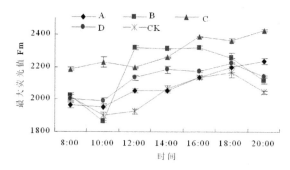

图 2-21　不同施肥处理对花期骏枣叶片 Fm 日变化的影响

3)不同 N、P、K 处理骏枣花期叶片 Fv/Fm 日变化

对许多植物种而言，在未受胁迫的条件下 Fv/Fm 值近似等于 0.832 ± 0.004（DemmigandBjorkman，1987），受到胁迫后 Fv/Fm 值明显下降。4 种施肥处

理对花期骏枣叶片 *Fv/Fm* 日变化的影响如图 2-22 所示。

由图 2-22 可以看出，试验中 4 种施肥处理及 CK 的 *Fv/Fm* 日动态大致呈 V型曲线。B 处理 *Fv/Fm* 日动态的谷值出现在 10：00，其余处理谷值均出现在 12：00。且 *Fv/Fm* 值下降过程中 B 处理较其他处理下降幅度大，说明 B 处理的光抑制强于其他处理。CK 与 A、C、D 处理相比 *Fv/Fm* 值下降幅度也较其三者大，说明选择合适的 N、P、K 处理施肥，能够减少骏枣光叶片抑制，提高其光能捕捉效率。

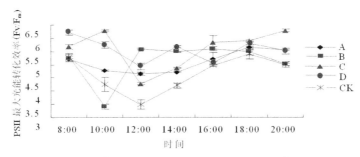

图 2-22　花期不同施肥配比对骏枣 *Fv/Fm* 日变化的影响

4）不同 N、P、K 处理花期骏枣叶片 *Fv/F₀* 日变化

Fv/F₀ 用于衡量植物叶片 PSII 潜在活性，*Fv/F₀* 值高说明具有较高的 PSII 潜在活性。花期 4 种施肥处理对骏枣叶片 *Fv/F₀* 日变化的影响如图 2-23 所示。可以看出，骏枣花期叶绿素荧光参数 *Fv/F₀* 的日动态同 *Fv/Fm* 的日动态近乎一致，表明 PSII 最大光能转化效率和最大光能转化潜力的变化趋势具有同步性，二者均用于度量植物叶片的光合活性。

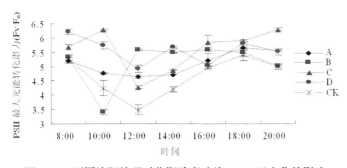

图 2-23　不同施肥处理对花期骏枣叶片 *Fv/F₀* 日变化的影响

5）不同 N、P、K 处理花期骏枣叶片荧光参数的日均值

由表 2-6 可以看出，C 处理全天具有相对较高的 *F₀*、*Fm*、*Fv* 值，而 D 处理 *F₀*、*Fm*、*Fv* 值相对较低。*F₀*、*Fm*、*Fv* 全天均值顺序为 C 处理>B 处理>A 处理>D 处理。

不同的施肥处理对 F_0、Fm、Fv 值有着不同的影响，其中 A、B、C 处理与 D 处理、CK F_0 值有极显著差异。C 处理与 CK 的有极显著差异；D 处理与 B 处理、C 处理均有极显著差异。不同施肥处理的 Fm 值除 A 与 D 处理无显著差异外，其余处理及 CK 彼此间均有极显著差异。不同施肥处理 Fv 值的差异性与 Fm 值相同。

表 2-6　不同 N、P、K 处理花期骏枣叶片 F_0、Fm、Fv 日均值的比较

处理	叶绿素荧光参数		
	F_0	Fm	Fv
A	341.86±4.42ABCbc	2084.00±9.78Cc	1742.14±9.32Cc
B	361.38±2.78ABab	2200.47±7.15Bb	1839.10±10.02Bb
C	371.19±6.33Aab	2400.05±5.52Aa	2028.86±4.60Aa
D	315.00±1.80Cd	2057.67±3.99Cc	1742.67±6.10Cc
CK	331.38±2.54BCcd	1859.71±3.91Dd	1528.33±8.30Dd

注：数据后小写字母表示差异显著（$P<0.05$），大写字母表示差异极显著（$P<0.01$）。

由图 2-24 可知，D 处理 Fv/Fm 日均值相对较高，CK 相对较低。其中各施肥处理间无显著差异，但 CK 与各个处理间均有极显著差异。由图 2-25 可以看出 A 处理 Fv/F_0 值与 B 处理无显著差异，但与 C 处理、D 处理及 CK 有显著差异。C 处理与 D 处理无显著差异，但与 CK 差异显著。

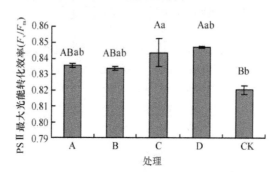

图 2-24　不同 N、P、K 处理花期骏枣叶片 Fv/Fm 日均值比较

注：小写字母表示在 5% 的显著性水平下显著；大写字母表示在 1% 的显著性水平下显著。

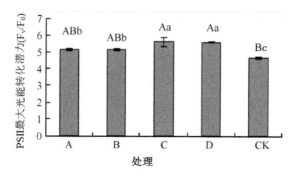

图 2-25　不同 N、P、K 施肥处理花期骏枣叶片 Fv/F_0 日均值比较

注：小写字母表示在 5% 的显著性水平下显著；大写字母表示在 1% 的显著性水平下显著。

2.不同 N、P、K 处理对果实膨大期骏枣叶片荧光参数日变化的影响

1)不同 N、P、K 处理果实膨大期骏枣叶片 F_0 日变化

果实膨大期 4 种施肥处理对骏枣叶片 F_0 日变化的影响如图 2-26 所示。可以看出，A 处理和 C 处理从 8：00～16：00 基本呈平稳状态，后期呈明显上升趋势。B 处理和 D 处理走势为先上升后下降，但峰值分别出现在了 12：00 和 18：00。而 CK 则呈现出升-降-升-降-升的走势。

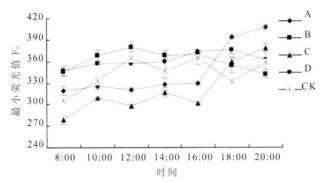

图 2-26　不同 N、P、K 处理对膨大期骏枣叶片 F_0 日变化的影响

2)不同 N、P、K 处理膨大期骏枣叶片 Fm 日变化

4 种施肥处理对果实膨大期骏枣叶片 Fm 日变化的影响如图 2-27 所示。可以看出，A 处理总体呈现出平稳走势；B 处理和 C 处理都呈现出从清晨开始平缓下降趋势，但在 18：00 同时出现了骤然上升走势，最后 Fm 值回落为与清晨状态基本一致。而 D 处理恰与之相反在 18：00 出现了骤然下降的走势。CK 大致走势表现为先下降后上升，且谷值出现在 16：00。

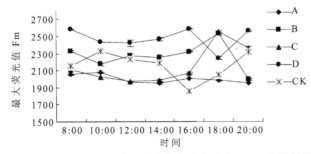

图 2-27　不同 N、P、K 处理对膨大期骏枣叶片 Fm 日变化的影响

3）不同 N、P、K 处理膨大期骏枣叶片 *Fv/Fm* 日变化

果实膨大期 4 种施肥处理对骏枣叶片 *Fv/Fm* 日变化的影响如图 2-28 所示。可以看出，A 处理为逐渐下降的走势。B 处理和 C 处理大体呈现先上升后下降的趋势，峰值均出现在了 18：00。D 处理及 CK 则大致为先下降后上升的走势。谷值分别出现在 18：00 和 16：00。

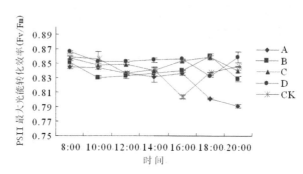

图 2-28　不同 N、P、K 处理对膨大期骏枣叶片 *Fv/Fm* 日变化的影响

4）不同 N、P、K 处理膨大期骏枣叶片 *Fv/F₀* 日变化

果实膨大期 4 种施肥处理对骏枣叶片 Fv/F_0 日变化的影响如图 2-29 所示。可以看出，骏枣果实膨大期叶绿素荧光参数 Fv/F_0 的日动态同 *Fv/Fm* 的日动态近乎一致，细微差别在于 CK 的 Fv/Fm 值在 8：00～10：00 表现为下降而 Fv/F_0 值在此时段表现为上升。

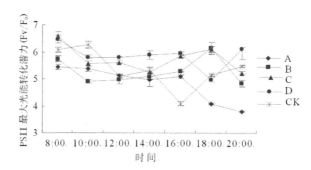

图 2-29　不同 N、P、K 处理对膨大期骏枣叶片 Fv/F_0 日变化的影响

5）不同 N、P、K 处理膨大期骏枣叶片荧光参数的日均值

由表 2-7 可以看出，F_0、Fm、Fv 的日均值 D 处理相对较高。F_0 日均值由高到低的顺序为 D 处理>B 处理>A 处理>C 处理，Fm、Fv 日均值的顺序则为 D 处

理>B 处理>C 处理>A 处理。F_0 的差异性表现为 CK 与 A 处理无显著性差异，与其他各处理均有极显著差异，B 处理和 C 处理间也存在极显著差异。Fm、Fv 除 C 处理和 CK 无显著性差异外，其他各配比处理间均有极显著差异。

表 2-7　不同 N、P、K 处理膨大期骏枣叶片 F_0、Fm、Fv 日均值的比较

处理	叶绿素荧光参数		
	F_0	Fm	Fv
A	346.19±4.93ABb	1996.57±2.58Dd	1650.38±5.96Dd
B	361.28±6.12Aa	2266.57±7.96Bb	1905.29±7.54Bb
C	320.48±4.14Cc	2153.10±5.91Cc	1832.62±8.64Cc
D	361.48±4.48Aa	2471.52±8.80Aa	2110.05±4.36Aa
CK	343.47±5.95Bb	2158.90±6.46Cc	1815.43±4.59Cc

注：小写字母表示在 5% 的显著性水平下显著；大写字母表示在 1% 的显著性水平下显著。

由图 2-30 可以看出，D 处理的 Fv/Fm 值相对较高，A 处理与各配比处理间均有极显著差异，且 B 处理与 C 处理、D 处理间存在极显著差异。由图 2-31 可以看出，同样是 D 处理的 Fv/F_0 值相对较高，A 处理的值较低。差异性也表现为除 C 和 D、B 和 CK 无显著差异外，其余各处理间均有正向极显著差异。

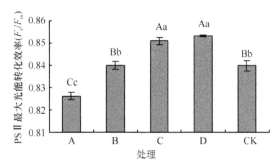

图 2-30　不同 N、P、K 处理膨大期骏枣叶片 Fv/Fm 日均值比较

注：小写字母表示在 5% 的显著性水平下显著；大写字母表示在 1% 的显著性水平下显著。

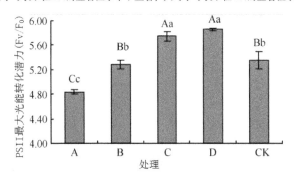

图 2-31　不同 N、P、K 处理膨大期骏枣叶片 Fv/F_0 日均值比较

注：不同小写字母表示差异显著（$p<0.05$），不同大写字母表示差异极显著（$p<0.01$）。

3. 不同 N、P、K 处理对成熟期骏枣叶片荧光参数日变化的影响

1) 不同 N、P、K 处理成熟期骏枣叶片 F_0 的日变化

4 种施肥处理对成熟期骏枣叶片 F_0 日变化的影响如图 2-32 所示。可以看出，除 CK 总体趋势为降-升-降，A 处理呈现升-降-升的走势外，其他处理均呈现出先升高后降低的走势。A 处理、CK 与其他处理 F_0 日变化存在差异的原因有可能是因为在最后一次施肥过程中 P 和 K 的量都有所减少的缘故。与花期相同，除 B 处理外，A、C、D 及 CK 的 F_0 日变化峰值均出现在 12：00。20：00 光强减弱，初始荧光开始恢复到清晨状态，但 A 处理的回升程度较大且高于其他处理，F_0 值达到了 286.3。

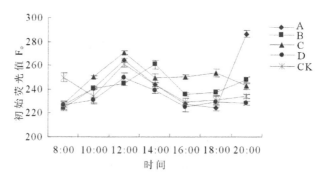

图 2-32　不同 N、P、K 处理对成熟期骏枣叶片 F_0 日变化的影响

2) 不同 N、P、K 处理成熟期骏枣叶片 Fm 的日变化

4 种施肥处理对成熟期骏枣叶片 Fm 日变化的影响如图 2-33 所示。可以看出，B 处理 Fm 日变化大致呈现出降-升-降的走势，其他处理及 CK 均表现出先降低后升高的走势。与花期 Fm 日变化相比，B 处理的大致走势未发生变化，但 D 处理及 CK 的 Fm 日变化走势都表现为与花期的 A 和 C 处理相同的先降低后升高走势。同样与花期相比所有处理及 CK 的 Fm 最小值也都趋于一致，均出现在了 10：00。

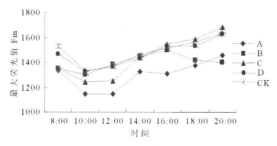

图 2-33　不同 N、P、K 处理对成熟期骏枣叶片 Fm 日变化的影响

3)不同N、P、K处理成熟期骏枣叶片 *Fv/Fm* 的日变化

4种施肥处理对成熟期骏枣叶片 *Fv/Fm* 日变化的影响如图2-34所示。可以看出，A、C、D及CK的 *Fv/Fm* 日变化均大致呈现出 V 型曲线；而 B 处理则表现出了降-升-降-升-降的波浪型走势。与花期相比，B 处理 *Fv/Fm* 的谷值仍然出现在了 10：00，其余处理均在 12：00；但不同的是 A 处理较其他处理下降幅度大，说明此时 A 处理受光抑制的程度较其他处理大。

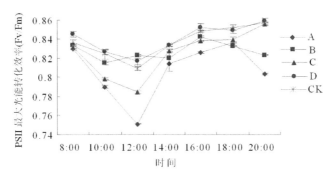

图2-34 不同N、P、K处理对成熟期骏枣叶片 *Fv/Fm* 日变化的影响

4)不同N、P、K成熟期骏枣叶片 *Fv/F₀* 的日变化

4种施肥处理对成熟期骏枣叶片 *Fv/F₀* 日变化的影响如图2-35所示。可以看出，骏枣成熟期叶绿素荧光参数 *Fv/F₀* 的日动态同 *Fv/Fm* 的日动态也近乎一致，不同之处在于 A 处理和 C 处理虽在 *Fv/Fm* 的动态变化中谷值存在较大差异，但在 *Fv/F₀* 日变化中谷值近乎一致，都表现较大的下降幅度。说明在8：00～12：00这一时间段 A 处理和 C 处理叶片 PSII 潜在活性在逐渐降低，且在12：00达到了最小值。

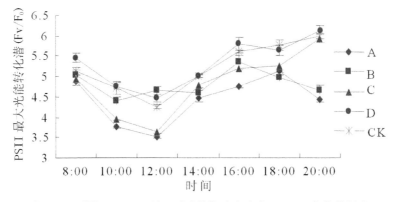

图2-35 不同N、P、K处理对成熟期骏枣叶片 *Fv/F₀* 日变化的影响

5）不同 N、P、K 处理成熟期骏枣叶片荧光参数的日均值

由表 2-8 可以看出，C 处理的 F_0 日均值相对较高，但 D 处理 Fm、Fv 日均值相对较高。F_0 日均值由高到低的顺序为 C 处理>A 处理>B 处理>D 处理，Fm、Fv 日均值的顺序则为 D 处理>C 处理>B 处理>A 处理。各处理及 CK 的 F_0 值无明显差异。Fm 值的差异性表现为 A 处理与其他各处理及 CK 有极显著差异；B 处理与 D 处理有显著差异，与 CK 有极显著差异。同样 Fv 值差异性也表现为 A 处理与其他各处理及 CK 有极显著差异；B 处理与 A、D 处理及 CK 有显著差异，与 CK 无显著差异。

表 2-8　不同 N、P、K 处理成熟期骏枣叶片 F_0、Fm、Fv 日均值的比较

处理	叶绿素荧光参数		
	F_0	Fm	Fv
A	245.00±1.16Aa	1299.48±3.81Cc	1054.48±4.51Bc
B	241.57±2.25Aa	1399.33±4.83Bb	1157.76±2.52Ab
C	249.29±1.05Aa	1443.29±1.72ABab	1194.00±1.51Aab
D	232.76±0.94Aa	1468.14±1.08ABa	1235.38±1.52Aa
CK	240.43±2.50Aa	1487.95±4.10Aa	1247.52±3.51Aa

注：小写字母表示在 5%的显著性水平下显著；大写字母表示在 1%的显著性水平下显著。

由图 2-36 可以看出，D 处理 Fv/Fm 日均值相对较高，A 处理相对较低。且 A 处理与 D 处理及 CK 存在显著差异。由图 2-37 可以看出，与 Fv/Fm 日均值相同，Fv/F_0 日均值也呈 D 处理相对较高，A 处理相对较低的状态。且 A 处理与 D 处理及 CK 间有极显著差异，而 D 处理与 B 处理和 C 处理间有显著差异。

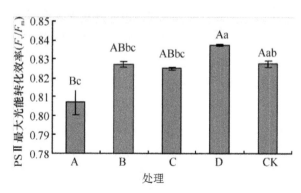

图 2-36　不同 N、P、K 处理成熟期骏枣叶片 Fv/Fm 日均值比较

注：小写字母表示在 5%的显著性水平下显著；大写字母表示在 1%的显著性水平下显著。

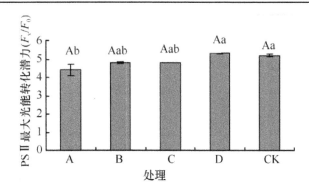

图 2-37　成熟期不同施肥处理骏枣叶片 Fv/F₀ 日均值比较

注：小写字母表示在 5% 的显著性水平下显著；大写字母表示在 1% 的显著性水平下显著。

4. 同一 N、P、K 处理花期与成熟期骏枣叶片叶绿素荧光参数日均值比较

由表 2-9 可以看出，除 C 处理外，花期 F_0、Fm、Fv 日均值均小于或略等于成熟期 F_0、Fm、Fv 日均值。除 C 处理的 F_0 值与 CK 无极显著差异外，花期与成熟期同一施肥处理及 CK 间 F_0、Fm、Fv 都有极显著差异。

表 2-9　同一 N、P、K 处理花期与成熟期骏枣叶片 F_0、Fm、Fv 日均值的比较

处理	A			B		
	F_0	Fm	Fv	F_0	Fm	Fv
花期	341.86±4.42Aa	2084.00±9.78Aa	1742.14±5.38Aa	245.00±1.6Cc	1299.48±8.11Cc	1054.48±9.03Cc
成熟期	361.38±2.78Aa	2200.48±7.14Aa	1839.10±5.78Aa	241.57±2.25Cc	1399.33±4.83Cc	1157.76±2.52Cc
CK	7285.90±2.21Bb	1673.83±5.07Bb	1387.93±7.29Bb	285.90±2.21Bb	1673.83±5.07Bb	1387.93±7.29Bb
花期	371.19±1.63Aa	2400.05±5.52Aa	2028.86±1.52Aa	249.29±1.05Bc	1443.29±1.73Cc	1194.00±1.51Cc
成熟期	315.00±1.79Aa	2057.67±3.99Aa	1742.67±3.51Aa	232.76±0.94Cc	1468.14±1.08Cc	1235.38±1.52Cc
CK	7285.90±2.21Bb	1673.83±5.07Bb	1387.93±7.29Bb	285.90±2.21Bb	1673.83±5.07Bb	1387.93±7.29Bb

注：小写字母表示在 5% 的显著性水平下显著；大写字母表示在 1% 的显著性水平下显著。

由图 2-38 可以看出，D 处理花期与成熟期的 Fv/Fm 日均值都相对较高；花期 A 处理的 Fv/Fm 日均值相对较低，成熟期 CK 的 Fv/Fm 日均值相对较低。但总体上花期的 Fv/Fm 日均值都高于成熟期，且两个时期除 B 处理与 CK 只有显著差异外，其余各处理与 CK 间均存在极显著差异。由图 2-39 同样可以看出，花期的 Fv/F_0 日均值也都高于成熟期；且除 C 处理与 CK 存在极显著差异外，其他各处理及 CK 间仅有显著差异。

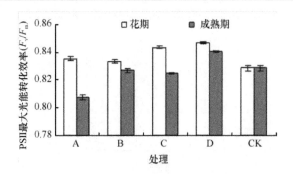

图 2-38　花期与成熟期 *Fv/Fm* 日均值比较

注：小写字母表示在 5% 的显著性水平下显著；大写字母表示在 1% 的显著性水平下显著。

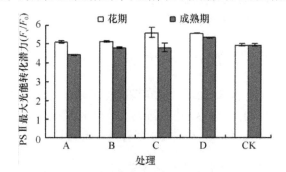

图 2-39　花期与成熟期 Fv/F0 日均值比较

注：小写字母表示在 5% 的显著性水平下显著；大写字母表示在 1% 的显著性水平下显著。

(二)不同有机肥处理对骏枣叶绿素荧光参数的影响

1. 不同有机肥处理花期骏枣叶片荧光参数日变化的影响

1)不同有机肥处理对花期骏枣叶片 F_0 日变化

　　5 种有机肥处理对花期骏枣叶片 F_0 日变化的影响如图 2-40 所示。可以看出，各施肥处理 F_0 日变化趋势均大致为先下降后上升。其中除 D 处理峰值出现在了 14：00 外，其他各处理的峰值都出现在了 12：00；且 B 处理 12：00 的 F_0 值最高，达到了 432.67。

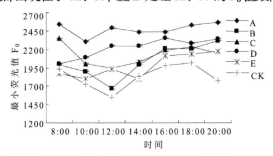

图 2-40　不同有机肥处理对花期骏枣叶片 F_0 日变化的影响

2)不同有机肥处理花期骏枣叶片 *Fm* 日变化

5 种有机肥处理对花期骏枣叶片 *Fm* 日变化的影响如图 2-41 所示。可以看出，B 处理和 C 处理及 CK 的 *Fm* 日变化大体呈倒 "V" 型曲线，谷值均出现在 12：00；A 处理和 D 处理则总体表现为平稳上升的趋势；E 处理呈现出了降-升-降-升的走势。

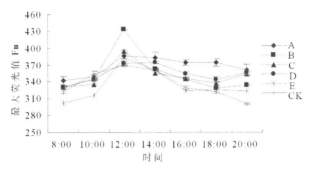

图 2-41　不同有机肥处理对花期骏枣叶片 *Fm* 日变化的影响

3)不同有机肥处理花期骏枣叶片 *Fv/Fm* 日变化

5 种有机肥处理对花期骏枣叶片 *Fv/Fm* 日变化的影响如图 2-42 所示。可以看出，除 D 处理呈平稳上升趋势以外，其余各处理都呈现出 "V" 字型走势，其中谷值最低的是 B 处理，值为 0.74；下降最小的是 A 处理，且其谷值出现在了 14：00，值为 0.84。

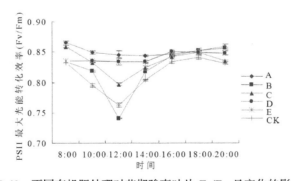

图 2-42　不同有机肥处理对花期骏枣叶片 *Fv/Fm* 日变化的影响

4)不同有机肥处理花期骏枣叶片 *Fv/F₀* 日变化

5 种有机肥处理对花期骏枣叶片 *Fv/F₀* 日变化的影响如图 2-43 所示。可以看出，与 *Fv/Fm* 日变化相同除 D 处理以外，其余各处理也都表现为先下降后上升的趋势，且 A 和 E 处理的谷值出现在了 14：00。

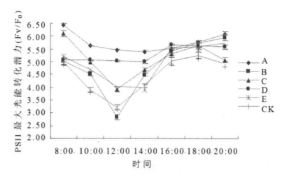

图 2-43 不同有机肥处理对花期骏枣叶片 Fv/F_0 日变化的影响

5）不同有机肥处理骏枣叶片荧光参数的日均值

由表 2-10 可以看出，A 处理的 F_0、Fm、Fv 日均值相对较高，E 处理较低。F_0 日均值由高到低的顺序为：A 处理>B 处理>D 处理>C 处理>E 处理。Fm、Fv 日均值由高到低的顺序为：A 处理>D 处理>C 处理>B 处理>E 处理。F_0 的差异性表现为 B、C、D 处理间无显著差异，E 处理与 CK 无显著差异，其余各处理间存在极显著差异。Fm、Fv 表现为各处理间均存在极显著差异。

表 2-10　不同有机肥处理的花期骏枣叶片 F_0、Fm、Fv 日均值的比较

处理	叶绿素荧光参数		
	F_0	Fm	Fv
A	366.95±4.42Aa	2471.76±4.78Aa	2104.80±9.32Aa
B	353.90±2.78Bb	2040.80±3.15Dd	1686.90±10.02Dd
C	350.53±3.33Bb	2128.23±2.52Cc	1777.71±4.60Cc
D	353.71±1.22Bb	2225.14±3.49Bb	1871.43±6.10Bb
E	333.52±1.11Cc	1975.42±3.21Ee	1641.90±8.30Ee
CK	336.71±3.54Cc	1983.61±3.91Ff	1494.90±8.30Ff

注：小写字母表示在 5%的显著性水平下显著；大写字母表示在 1%的显著性水平下显著。

由图 2-44 可以看出 A 处理 Fv/Fm 的日均值较高，对照的较低。由高到低的顺序为：A 处理>D 处理>C 处理>E 处理>B 处理。且各处理间均表现出极显著差异。由图 2-45 可以看出 Fv/F_0 的日均值也表现为 A 处理较高，同样各处理间也存在极显著差异。

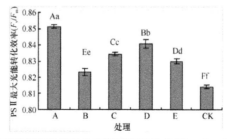

图 2-44　不同有机肥处理的花期骏枣叶片处理 Fv/Fm 日均值比较

注：小写字母表示在 5%的显著性水平下显著；大写字母表示在 1%的显著性水平下显著。

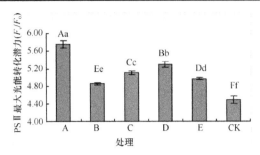

图 2-45　不同有机肥处理的花期骏枣叶片处理 Fv/F_0 日均值比较

注：小写字母表示在 5% 的显著性水平下显著；大写字母表示在 1% 的显著性水平下显著。

2. 不同有机肥处理对膨大期骏枣叶片荧光参数日变化的影响

1）不同有机肥处理膨大期骏枣叶片 F_0 日变化

5 种施肥处理对膨大期骏枣叶片 F_0 日变化的影响如图 2-46 所示。可以看出，各处理 F_0 日变化的总体趋势都是先上升后下降的状态。但其中 C 处理和 CK 与其他处理不同，其峰值都出现在了 10：00，且 C 处理的起始值都较其他处理低。A、B、D 和 E 处理的峰值都出现在 12：00，其中 E 处理上升幅度最大，B 处理上升幅度

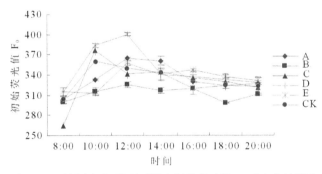

图 2-46　不同有机肥处理对膨大期骏枣叶片 F_0 日变化的影响

2）不同有机肥处理膨大期骏枣叶片 Fm 日变化

5 种有机肥处理对膨大期骏枣叶片 Fm 日变化的影响如图 2-47 所示。可以看出，各处理总体表现为上升的趋势，其中 A、B、C 和 E 处理在 8：00～10：00 有一个下降的过程，且 E 处理下降幅度最大。D 处理和 CK 则表现出持续攀升的状态。

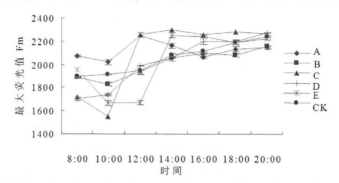

图 2-47　不同有机肥处理对膨大期骏枣叶片 *Fm* 日变化的影响

3) 不同有机肥处理膨大期骏枣叶片 *Fv/Fm* 日变化

　　5 种有机肥处理对膨大期骏枣叶片 *Fv/Fm* 日变化的影响如图 2-48 所示。可以看出，除 D 处理呈现为缓慢上升走势以外，其他各处理均表现为先下降后上升的走势。其中 A 和 B 处理下降幅度较小，C 和 E 处理下降幅度较大，且 E 处理与其他处理不同，其谷值出现在了 12：00。

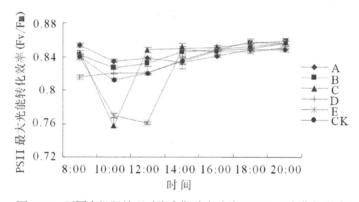

图 2-48　不同有机肥处理对膨大期骏枣叶片 *Fv/Fm* 日变化的影响

4) 不同有机肥处理膨大期骏枣叶片 *Fv/F₀* 日变化

　　5 种有机肥处理对骏枣叶片 Fv/F_0 日变化的影响如图 2-49 所示。可以看出，与 *Fv/Fm* 日变化相同，除 D 处理以外，A、B、C 和 E 处理及 CK 均呈 "V" 字型曲线。

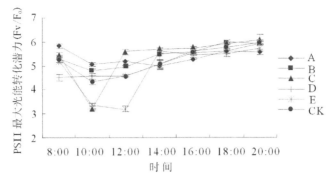

图 2-49 不同有机肥处理对膨大期骏枣叶片 Fv/F_0 日变化的影响

5）不同有机肥处理膨大期骏枣叶片荧光参数的日均值

由表 2-11 可以看出，E 处理的 F_0 日均值相对较高，其由高到低的顺序为：E 处理>A 处理>B 处理>D 处理>C 处理。差异性表现为 B、E 处理与各处理间均存在极显著差异。Fm、Fv 的日均值表现出 A 处理相对较高，Fm 日均值由高到低的顺序为：A 处理>C 处理>E 处理>D 处理>B 处理。除 D 处理和 E 处理无显著差异外，其他处理间均存在极显著差异。Fv 的日均值由高到低的顺序为：A 处理>C 处理> B 处理 >D 处理> E 处理。B、D、E 处理无显著差异，其他各处理间都有极显著差异。

表 2-11 不同有机肥处理的膨大期骏枣 F_0、Fm、Fv 日均值的比较

处理	叶绿素荧光参数		
	F_0	Fm	Fv
A	334.62±2.42Bb	2120.14±3.78Aa	1785.52±4.32Aa
B	312.33±2.58Cc	2005.67±3.55Ee	1693.33±5.02Dd
C	330.39±3.31Bb	2088.38±2.32Bb	1758.00±4.12Bb
D	331.76±3.22Bb	2021.95±3.19Dd	1690.19±3.10Dde
E	350.76±1.51Aa	2029.29±4.21Dd	1678.52±6.30De
CK	331.76±3.14Bb	2053.00±3.11Cc	1721.23±8.11Cc

注：小写字母表示在 5%的显著性水平下显著；大写字母表示在 1%的显著性水平下显著。

由图 2-50 可以看出，Fv/Fm 的日均值 B 处理相对较高，但各处理间差异性表现不明显。只有 A、B 处理和 D 处理存在显著性差异，以及 E 处理和各处理间存在极显著差异。由图 2-51 可以看出，Fv/F_0 日均值也为 B 处理相对较高，差异性表现为 D 处理与 A、B、C 处理存在极显著差异。E 处理与各处理均有极显著差异。

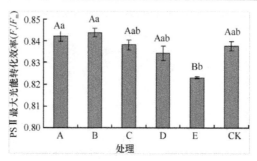

图 2-50　不同有机肥处理的膨大期骏枣叶片 *Fv/Fm* 日均值比较

注：小写字母表示在 5% 的显著性水平下显著；大写字母表示在 1% 的显著性水平下显著。

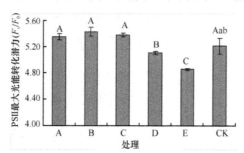

图 2-51　不同有机肥处理的膨大期骏枣叶片 *Fv/F0* 日均值比较

注：小写字母表示在 5% 的显著性水平下显著；大写字母表示在 1% 的显著性水平下显著。

3. 不同有机肥处理对成熟期骏枣叶片荧光参数日变化的影响

1）不同有机肥处理成熟期骏枣叶片 F_0 的日变化

成熟期 5 种有机肥处理对骏枣叶片 F_0 日变化的影响如图 2-54 所示。可以看出，除 CK 表现为降-升-降的走势以外，各处理均大致表现出先上升后下降的走势。其中 B 处理的峰值出现在 18：00，D 处理的峰值出现在 14：00。其他处理的峰值均在 12：00。

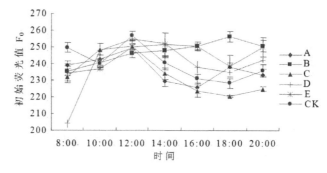

图 2-52　成熟期不同施肥处理对骏枣 F_0 日变化的影响

2)不同有机肥处理成熟期骏枣叶片 Fm 日变化

成熟期 5 种施肥处理对骏枣叶片 Fm 日变化的影响如图 2-53 所示。可以看出，B 处理表现为降-升-降走势；D 处理表现为平缓上升走势；A、C 和 E 处理及 CK 均呈现出先下降后上升的走势。

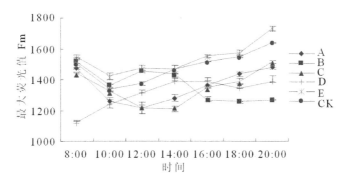

图 2-53　不同有机肥处理对成熟期骏枣叶片 Fm 日变化的影响

3)不同有机肥处理成熟期骏枣叶片 Fv/Fm 日变化

5 种有机肥处理对成熟期骏枣叶片 Fv/Fm 日变化的影响如图 2-54 所示。可以看出，各处理均表现为先下降后上升的走势，其中 B 处理的谷值出现在了 18：00，D 处理的谷值出现在了 10：00。其余各处理的谷值均在 12：00。

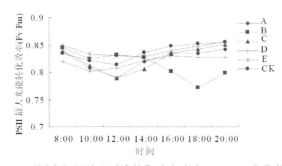

图 2-54　不同有机肥处理对成熟期骏枣叶片 Fv/Fm 日变化的影响

4)不同施肥处理成熟期骏枣叶片 Fv/F₀ 日变化

5 种有机肥处理对成熟期骏枣叶片 Fv/F_0 日变化的影响如图 2-55 所示。可以看出，Fv/F_0 的日变化与 Fv/Fm 的日变化基本相同，各处理的日变化均呈 "V" 字形曲线。但 B 处理在 18：00 以后没有升高，而是表现为平缓延生。

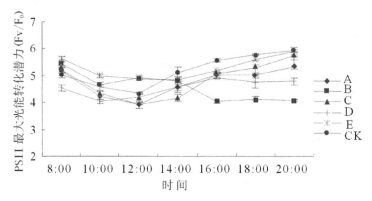

图 2-55　不同有机肥处理对成熟期骏枣叶片 Fv/F_0 日变化的影响

5)不同有机肥处理成熟期骏枣叶片荧光参数的日均值

由表 2-12 可以看出，B 处理的 F_0 日均值相对较高，其由高到低的顺序为：B 处理>E 处理>D 处理>A 处理>C 处理；差异性表现为 A、B、C 处理间有显著性差异，其余处理间无显著差异。Fm、Fv 的日均值表现出 E 处理相对较高，Fm 日均值由高到低的顺序为：E 处理>B 处理>A 处理>C 处理>D 处理；E 处理和 CK 与各处理间均有极显著差异；Fv 的日均值由高到低的顺序为：E 处理>A 处理>B 处理>C 处理>D 处理，差异性表现与 Fm 日均值相同。

表 2-12　不同有机肥处理间的成熟期骏枣叶片 F_0、Fm、Fv 日均值的比较

处理	叶绿素荧光参数		
	F_0	Fm	Fv
A	236.67±4.32Abc	1357.14±2.78Bb	1120.38±2.32Bb
B	246.76±2.51Aa	1365.00±3.25Bb	1118.23±5.32Bb
C	233.47±3.51Ac	1350.67±2.72Bb	1117.19±2.17Bb
D	239.05±2.22Aabc	1324.38±2.19Bb	1085.33±3.12Bb
E	244.52±4.51Aab	1538.14±5.25Aa	1293.61±2.35Aa
CK	240.33±3.12Aabc	1483.18±3.13Aa	1242.85±8.23Aa

注：小写字母表示在 5%的显著性水平下显著；大写字母表示在 1%的显著性水平下显著。

由图 2-56 可以看出，E 处理的 Fv/Fm 日均值相对较高，且与各处理间均有极显著差异。由图 2-57 可以看出，同样是 E 处理的 Fv/F_0 日均值较高。差异性表现为 D 处理和 A、B、C 处理有极显著差异，E 处理和各处理间均有极显著差异。

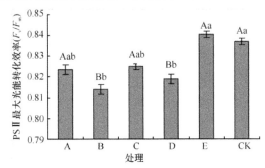

图 2-56 不同有机肥处理成熟期骏枣叶片 *Fv/Fm* 日均值比较

注：小写字母表示在 5%的显著性水平下显著；大写字母表示在 1%的显著性水平下显著。

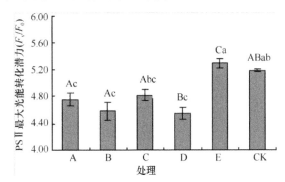

图 2-57 不同有机肥处理成熟期骏枣叶片 *Fv/F₀* 日均值比较

注：小写字母表示在 5%的显著性水平下显著；大写字母表示在 1%的显著性水平下显著。

4. 同一有机肥处理不同物候期骏枣叶片叶绿素荧光参数日均值比较

由表 2-13 可以看出，F_0、F_m、F_v 日均值由高到低的顺序为花期>膨大期>成熟期。A 处理三个时期均有极显著差异；B 处理三个时期 F_0 日均值有极显著差异，F_m、F_v 日均值表现为成熟期和花期、膨大期有极显著差异；C 处理 F_0 日均值表现为花期与膨大期、成熟期有极显著差异，F_m、F_v 日均值均有极显著差异；D 处理成熟期与花期、膨大期 F_0 日均值有极显著差异，F_m、F_v 日均值三个时期均有极显著差异；E 处理表现出三个时期 F_m 日均值有极显著差异，F_0、F_v 日均值表现为成熟期和花期、膨大期有极显著差异。

表 2-13 同一有机肥处理不同物候期骏枣叶片 F_0、F_m、F_v 日均值的比较

处理	A			B		
	F_0	F_m	F_v	F_0	F_m	F_v
花期	366.95±3.02Aa	2471.76±5.71Aa	2104.81±3.32Aa	353.90±2.62Aa	2040.81±5.13Aa	1686.90±4.03Aa
膨大期	334.61±2.57Bb	2120.14±4.34Bb	1785.52±4.28Bb	312.33±2.35Bb	2005.67±4.81Aa	1693.33±2.57Aa
成熟期	236.76±3.21Cc	1357.14±5.17Cc	1120.38±3.29Cc	246.76±2.25Cc	1365.00±5.27Bb	1118.24±6.23Bb

续表

处理	C			D		
	F_0	Fm	Fv	F_0	Fm	Fv
花期	333.52±2.14Aa	1975.42±3.12Aa	1641.90±2.52Aa	336.71±2.25Aa	1831.62±3.13Bb	1494.90±2.32Bb
膨大期	350.76±3.19Bb	2029.29±3.31Bb	1678.52±3.21Bb	331.76±2.26Ab	2053.00±2.05Aa	1721.24±4.12Aa
成熟期	244.52±2.53Bc	1538.14±3.27Cc	1293.62±4.23Cc	240.33±2.41Bc	1483.19±2.17Cc	1242.85±4.13Cc

处理	E			CK		
	F_0	Fm	Fv	F_0	Fm	Fv
花期	350.54±2.64Aa	2128.24±3.52Aa	1777.71±2.52Aa	353.71±2.25Aa	2225.14±2.23Aa	1871.42±2.52Aa
膨大期	330.38±2.29Ab	2088.38±3.39Bb	1758.00±3.21Aa	331.76±1.96Bb	2021.95±2.08Bb	1690.19±3.12Bb
成熟期	233.47±2.51Bc	1350.67±2.27Cc	1117.19±4.23Bb	239.05±2.31Cc	1324.38±3.07Cc	1085.33±4.29Cc

注：小写字母表示在5%的显著性水平下显著；大写字母表示在1%的显著性水平下显著。

由图 2-58 可以看出，Fv/Fm 日均值在花期表现为 A 处理较高，在膨大期表现为 B 处理较高，成熟期则表现出 E 处理较高；且各时期间均有显著性差异。由图 2-59 可以看现出，Fv/F_0 日均值各时期的最高值与 Fv/Fm 日均值表现相同，差异性则表现出 A、B、C、D 处理在三个时期都有显著性差异，E 处理三个时期的值无显著性差异。

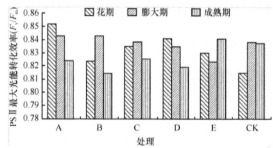

图 2-58　不同有机肥处理不同物候期骏枣叶片 Fv/Fm 日均值比较

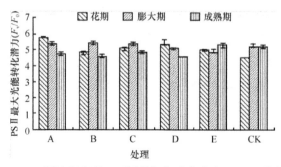

图 2-59　不同有机肥处理不同物候期骏枣叶片 Fv/F_0 日均值比较

(三)叶面喷施中量元素对骏枣叶绿素荧光参数的影响

1. 喷施中量元素对花期骏枣叶片荧光参数日变化的影响

1)花期喷施 S 元素对骏枣叶片荧光参数的影响

①花期不同浓度 S 处理骏枣叶片 F_0 的日变化

5 种施 S 浓度对花期骏枣叶片 F_0 日变化的影响如图 2-60 所示。可以看出，E 浓度表现出降-升-降-升-降-升的的波浪形走势；其余浓度均表现为先升高后降低的走势，其中 A、B、C、D 浓度的峰值均出现在 10：00，但 D 浓度的峰值最高，且在 16：00 出现了回升；CK 的峰值出现在 12：00。

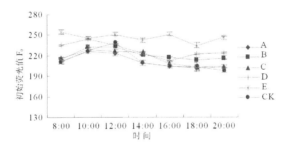

图 2-60 不同施 S 浓度对花期骏枣叶片 F_0 日变化的影响

②花期不同浓度的 S 处理骏枣叶片 Fm 的日变化

5 种施 S 浓度对花期骏枣叶片 Fm 日变化的影响如图 2-61 所示。可以看出，CK 呈先下降后上升走势，C 浓度呈先上升后下降走势。其他浓度均表现出平缓上升的走势。

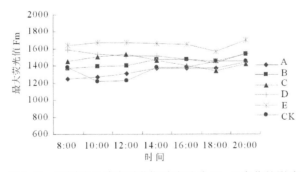

图 2-61 不同施 S 浓度对花期骏枣叶片 Fm 日变化的影响

③花期不同浓度的 S 处理骏枣叶片 Fv/Fm 的日变化

5 种施 S 浓度对花期骏枣叶片 Fv/Fm 日变化的影响如图 2-62 所示。可以看出，

C浓度和E浓度表现出平稳走势；A、B、D浓度及CK均表现为先下降后上升走势，其中A、B、D浓度谷值出现在10：00，CK谷值出现在12：00。

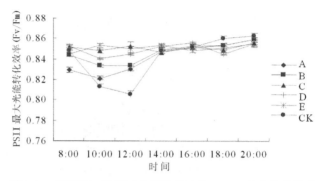

图2-62　不同施S浓度对花期骏枣叶片 *Fv/Fm* 日变化的影响

④花期不同浓度的S处理骏枣叶片 *Fv/F₀* 的日变化

5种施S浓度对花期骏枣叶片 Fv/F_0 日变化的影响如图2-63所示。可以看出，与 Fv/Fm 的日变化相同，除C浓度和E浓度以外，其他浓度及CK均呈"V"型走势，且CK下降幅度最大。

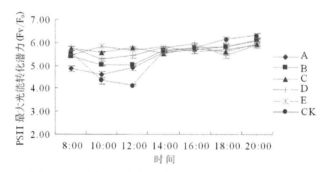

图2-63　不同施S浓度对骏枣花期 Fv/F₀ 日变化的影响

⑤花期不同浓度的S处理骏枣叶片荧光参数的日均值

由表2-14可以看出，E浓度的 F_0、Fm、Fv 日均值相对较高，A浓度的值较低。F_0 日均值由高到低的顺序为：E浓度>D浓度>B浓度>C浓度>A浓度。Fm、Fv 日均值由高到低的顺序为：E浓度>D浓度>C浓度>B浓度>A浓度。F_0 的差异性表现为A浓度与CK有显著差异，但无极显著差异。其余各浓度间均存在极显著差异；Fm 的差异性表现为B浓度和C浓度有显著差异，无极显著差异，其余各浓度间均有极显著差异；Fv 表现为各浓度间均存在极显著差异。

表 2-14 不同 S 浓度处理花期骏枣叶片 F_0、Fm、Fv 日均值的比较

处理	叶绿素荧光参数		
	F_0	Fm	Fv
A	211.67±4.42Ef	1341.14±2.28Ef	1129.48±4.37Ff
B	221.24±2.28Cc	1444.14±3.24Cd	1222.90±5.02Dd
C	215.763±3.31Dd	1446.14±2.22Cc	1230.38±4.20Cc
D	228.00±1.82Bb	1514.71±3.41Bb	1286.71±5.12Bb
E	246.47±2.13Aa	1653.71±2.21Aa	1407.24±6.34Aa
CK	213.19±3.22Ee	1356.52±2.91De	1143.33±4.22Ee

注：小写字母表示在 5%的显著性水平下显著；大写字母表示在 1%的显著性水平下显著。

由图 2-64 可以看出 C 浓度 Fv/Fm 的日均值较高，对照的较低。由高到低的顺序为：C 浓度>E 浓度>D 浓度>B 浓度>A 浓度。A 浓度和 CK 无显著差异，C 浓度和 E 浓度无显著差异，其余各浓度间均表现出极显著差异。由图 2-65 可以看出，Fv/F_0 的日均值也表现为 E 浓度较高，C 浓度和 E 浓度无显著差异，其余各浓度间均表现出极显著差异。

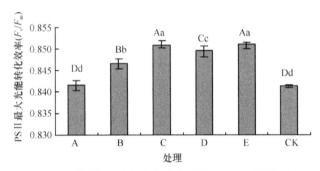

图 2-64 不同施 S 浓度花期骏枣叶片 Fv/Fm 日均值比较

小写字母表示在 5%的显著性水平下显著；大写字母表示在 1%的显著性水平下显著。

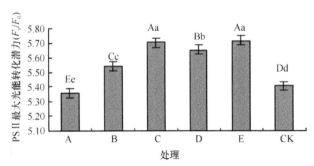

图 2-65 不同施 S 浓度花期骏枣叶片 Fv/F_0 日均值比较

注：小写字母表示在 5%的显著性水平下显著；大写字母表示在 1%的显著性水平下显著。

2）喷施 Ca 元素对花期骏枣叶片荧光参数的影响

①花期不同浓度的 Ca 处理骏枣叶片 F_0 的日变化

5 种施 Ca 浓度对花期骏枣叶片 F_0 日变化的影响如图 2-66 所示。可以看出，A 浓度表现为降-升-降走势，其他浓度均为先升高后下降走势。其中 A 浓度的峰值出现在 14：00；B 浓度的峰值出现在 16：00；C 浓度和 CK 的峰值出现在 12：00；D 浓度和 E 浓度的峰值出现在 10：00。

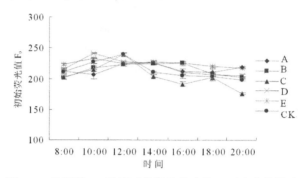

图 2-66　不同施 Ca 浓度对花期骏枣叶片 F_0 日变化的影响

②花期不同浓度的 Ca 处理骏枣叶片 Fm 的日变化

5 种施 Ca 浓度对花期骏枣叶片 Fm 日变化的影响如图 2-67 所示。可以看出，所有浓度处理都在 8：00～10：00 时有一个下降过程，且在 20：00 都与 8：00 的值接近。其中在 10：00C 浓度和 CK 下降幅度最大，D 浓度和 E 浓度下降幅度最小。

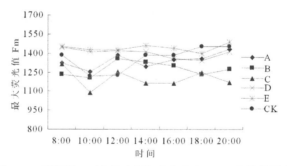

图 2-67　不同施 Ca 浓度对花期骏枣叶片 Fm 日变化的影响

③花期不同浓度的 Ca 处理骏枣叶片 Fv/Fm 的日变化

5 种施 Ca 浓度对花期骏枣叶片 Fv/Fm 日变化的影响如图 2-68 所示。可以看出，各浓度均呈现先下降后上升的走势，其中 A 浓度谷值出现在 14：00，CK 谷值出现在 12：00；B、C、D、E 浓度的谷值均出现在 10：00。

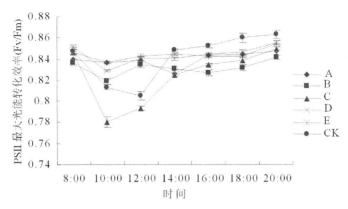

图 2-68　不同施 Ca 浓度对花期骏枣叶片 Fv/Fm 日变化的影响

④花期不同浓度的 Ca 处理骏枣叶片 Fv/F_0 的日变化

5 种施 Ca 浓度对花期骏枣叶片 Fv/F_0 日变化的影响如图 2-69 所示。可以看出，与 Fv/Fm 的日变化相同，各浓度及 CK 均呈"V"型走势，且 C 浓度下降幅度最大，E 浓度下降幅度最小。

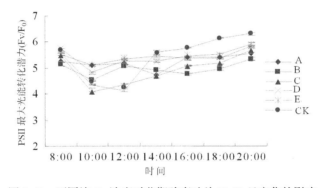

图 2-69　不同施 Ca 浓度对花期骏枣叶片 Fv/F_0 日变化的影响

⑤花期不同浓度的 Ca 处理骏枣叶片荧光参数的日均值

由表 2-15 可以看出，E 浓度的 F_0、Fm、Fv 日均值相对较高，A 浓度的值较低。F_0、Fm、Fv 日均值由高到低的顺序为：E 浓度>D 浓度>B 浓度>C 浓度>A 浓度。F_0 的差异性表现为 A 浓度与 B 浓度呈显著差异，其余各浓度间均存在极显著差异；Fm 的差异性表现为 A 浓度和 B 浓度无显著差异，C 浓度和 D、E 浓度及 CK 有极显著差异，E 浓度与 CK 有显著差异；Fv 表现为 A 浓度和 C 浓度有极显著差

表 2-15　花期不同施 Ca 浓度处理骏枣叶片 F_0、Fm、Fv 日均值的比较

处理	叶绿素荧光参数		
	F_0	Fm	Fv
A	215.52±2.42BCbc	1343.10±2.28ABbc	1127.57±4.37ABbc
B	214.48±2.25BCc	1275.24±3.24BCcd	1060.76±5.02BCcd
C	204.10±3.55Dc	1200.24±2.22Cc	996.14±4.20Cd
D	218.52±3.12Bb	1400.76±3.41Aab	1182.24±5.12Aab
E	224.33±4.13Aa	1440.29±2.21ABa	1215.95±6.34ABa
CK	213.19±3.24Cc	1356.52±2.91ABb	1143.33±4.22ABab

注：小写字母表示在 5%的显著性水平下显著；大写字母表示在 1%的显著性水平下显著。

由图 2-70 可以看出 E 浓度 Fv/Fm 的日均值较高，C 浓度的较低。由高到低的顺序为：E 浓度>D 浓度>A 浓度>B 浓度>C 浓度。C 浓度和 D、E 浓度有显著差异，其余各浓度无显著差异。由图 2-71 可以看出 Fv/F_0 的日均值也表现为 E 浓度较高，且差异性与 Fv/Fm 表现相同。

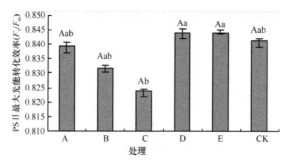

图 2-70　不同施 Ca 浓度花期骏枣叶片 Fv/Fm 日均值比较

小写字母表示在 5%的显著性水平下显著；大写字母表示在 1%的显著性水平下显著。

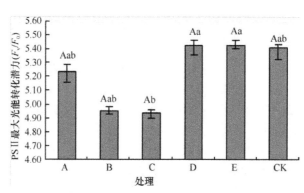

图 2-71　不同施 Ca 浓度花期骏枣叶片 Fv/F_0 日均值比较

小写字母表示在 5%的显著性水平下显著；大写字母表示在 1%的显著性水平下显著。

3) 喷施 Mg 元素对花期骏枣叶片荧光参数的影响

①花期不同浓度的 Mg 处理骏枣叶片 F_0 的日变化

5 种施 Mg 浓度对花期骏枣叶片 F_0 日变化的影响如图 2-72 所示。可以看出，A 浓度和 D 浓度总体都表现为下降走势，且 A 浓度在 8：00～10：00 下降幅度最大。其他浓度则呈先上升后下降的走势，其中 B 浓度的峰值出现在 10：00，C 浓度和 CK 的峰值出现在 12：00，E 浓度峰值则出现在 16：00。

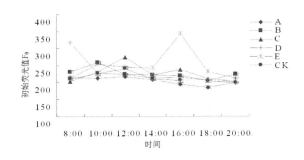

图 2-72　不同施 Mg 浓度对花期骏枣叶片 F_0 日变化的影响

②花期不同浓度的 Mg 处理骏枣叶片 Fm 的日变化

5 种施 Mg 浓度对花期骏枣叶片 Fm 日变化的影响如图 2-73 所示。可以看出，C 浓度和 E 浓度呈先上升后下降最后再回升到初始值的状态，峰值分别出现在 12：00 和 10：00。其余浓度都呈先下降后上升的走势。B、D 浓度及 CK 谷值出现在 10：00，A 浓度谷值出现在 12：00。

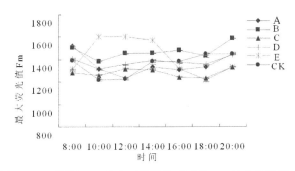

图 2-73　不同施 Mg 浓度对花期骏枣叶片 Fm 日变化的影响

③花期不同浓度的 Mg 处理骏枣叶片 Fv/Fm 的日变化

5 种施 Mg 浓度对花期骏枣叶片 Fv/Fm 日变化的影响如图 2-74 所示。可以看出，C 浓度呈现降-升-降-升的走势，D 浓度总体呈上升趋势。其他各浓度均呈先下降后上升的走势；其中 A、C 浓度及 CK 谷值出现在 12：00，B 浓度谷值出现在 10：00；E 浓度的谷值均出现在 16：00。

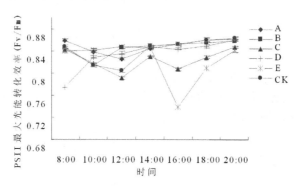

图 2-74　不同施 Mg 浓度对花期骏枣叶片 *Fv/Fm* 日变化的影响

④花期不同浓度的 Mg 处理骏枣叶片 *Fv/F₀* 的日变化

5 种施 Mg 浓度对花期骏枣叶片 *Fv/F₀* 日变化的影响如图 2-75 所示。可以看出，与 *Fv/Fm* 的日变化相同，除 C 浓度和 D 浓度以外均呈"V"型走势，且 E 浓度下降幅度最大，B 浓度下降幅度最小。

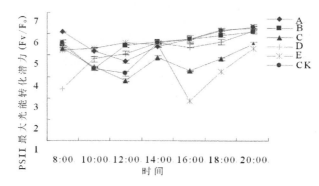

图 2-75　不同施 Mg 浓度对花期骏枣叶片 *Fv/F₀* 日变化的影响

（5）花期不同浓度的 Mg 处理骏枣叶片荧光参数的日均值

由表 2-16 可以看出，E 浓度的 F_0 日均值相对较高，A 浓度的值较低。F_0 日均值由高到低的顺序为：E 浓度>D 浓度>B 浓度>C 浓度>A 浓度。Fm、Fv 日均值由高到低的顺序为：B 浓度>E 浓度>D 浓度>A 浓度>C 浓度。F_0 的差异性表现为 B、C、D 浓度无显著差异，其余各浓度间均存在极显著差异；Fm 的差异性表现为 A 浓度和 D 浓度、CK 无显著差异，其余各浓度间均有极显著差异；Fv 表现为 B 浓度和 C 浓度有极显著差异，其余各浓度间均无显著差异。

表 2-16　不同 Mg 浓度花期骏枣叶片 F_0、Fm、Fv 日均值的比较

不同施肥处理	叶绿素荧光参数		
	F_0	Fm	Fv
A	204.43±4.32Dd	1356.61±2.28Cc	1152.19±4.37Bbc
B	226.38±3.27Bb	1470.71±3.24Aa	1244.33±5.02Aa
C	226.00±2.56Bb	1284.48±2.22Dd	1058.48±4.20Cd
D	228.00±3.15Bb	1376.67±3.41Cc	1173.10±5.12Bbc
E	248.19±3.53Aa	1421.29±2.21Bb	1215.95±6.34Bb
CK	213.19±3.11Cc	1356.52±2.91Cc	1143.33±4.22Bc

注：小写字母表示在 5%的显著性水平下显著；大写字母表示在 1%的显著性水平下显著。

　　由图 2-76 可以看出 A 浓度 Fv/Fm 的日均值较高，E 浓度的较低。由高到低的顺序为：A 浓度>B 浓度>D 浓度>E 浓度>C 浓度。B 浓度和 A、C 浓度无显著差异，C 浓度和 E 浓度无显著差异，其余各浓度间均有极显著差异。由图 2-77 可以看出，Fv/F_0 的日均值也表现为 A 浓度较高，差异性与 Fv/Fm 表现相同。

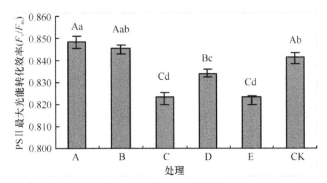

图 2-76　不同施 Mg 浓度花期骏枣叶片 Fv/F 日均值比较

注：小写字母表示在 5%的显著性水平下显著；大写字母表示在 1%的显著性水平下显著。

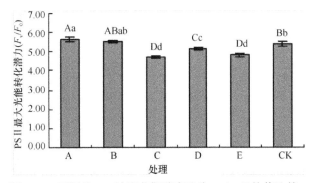

图 2-77　不同施 Mg 浓度花期骏枣叶片 Fv/F_0 日均值比较。

注：小写字母表示在 5%的显著性水平下显著；大写字母表示在 1%的显著性水平下显著。

2. 喷施中量元素对膨大期骏枣叶片荧光参数日变化的影响

1）喷施 S 元素对膨大期骏枣叶片荧光参数的影响

①膨大期不同浓度的 S 处理骏枣叶片 F_0 的日变化

5 种施 S 浓度对膨大期骏枣叶片 F_0 日变化的影响如图 2-78 所示。可以看出，各浓度均表现为先升高后降低的走势，其中 A、C、E 浓度的峰值均出现在 14：00，B 浓度、D 浓度的峰值出现在 10：00，CK 的峰值则出现在了 12：00。

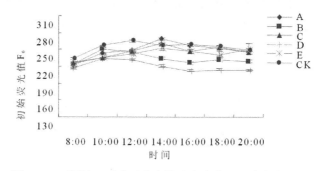

图 2-78　不同施 S 浓度对膨大期骏枣叶片 F_0 日变化的影响

②膨大期不同浓度的 S 处理骏枣叶片 Fm 的日变化

5 种施 S 浓度对膨大期骏枣叶片 Fm 日变化的影响如图 2-79 所示。可以看出，各浓度总体呈上升走势，其中 A、B、C 浓度及 CK 在 8：00～10：00 有一下降过程；E 浓度在 18：00～20：00 有一个回落过程。

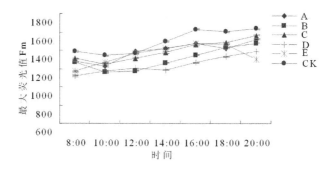

图 2-79　不同施 S 浓度对膨大期骏枣叶片 Fm 日变化的影响

③膨大期不同浓度的 S 处理骏枣叶片 Fv/Fm 的日变化

5 种施 S 浓度对骏枣叶片 Fv/Fm 日变化的影响如图 2-80 所示。可以看出，A 浓度呈降-升-降-升-降-升的波浪形走势。E 浓度表现出先升高后降低的走势；B、C、D 浓度及 CK 均表现为先下降后上升走势，其中 A、B、D 浓度谷值出现在 10：00，C 浓度谷值出现在 14：00，CK 谷值出现在 12：00。

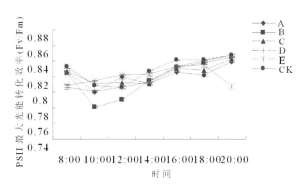

图 2-80 不同施 S 浓度对膨大期骏枣叶片 Fv/Fm 日变化的影响

④膨大期不同浓度的 S 处理骏枣叶片 Fv/F_0 的日变化

5 种施 S 浓度对骏枣叶片 Fv/F_0 日变化的影响如图 2-81 所示。可以看出，与 Fv/Fm 的日变化相同，除 A 浓度和 E 浓度以外，其他浓度及 CK 均呈"V"型走势，且 B 浓度下降幅度最大，C 浓度下降幅度最小。

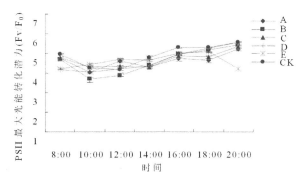

图 2-81 不同施 S 浓度对膨大期骏枣叶片 Fv/F_0 日变化的影响

⑤膨大期不同浓度的 S 处理骏枣叶片荧光参数的日均值

由表 2-17 可以看出，A 浓度的 F_0 日均值相对较高，D 浓度的值较低；F_0 日均值由高到低的顺序为：A 浓度>C 浓度>E 浓度>B 浓度>D 浓度；Fm、Fv 日均值由高到低的顺序为：C 浓度>A 浓度>E 浓度>B 浓度>D 浓度。F_0 的差异性表现为 C、D、E 浓度与 CK 有显著差异，且 B、D 浓度与 CK 存在极显著差异；Fm 的差异性表现为 A 浓度和 C 浓度无显著差异，其余各浓度间均有极显著差异；Fv 表现为 C 浓度和 E 浓度之间无显著差异，其余各浓度间均有显著差异，且 B 浓度、D 浓度与其他浓度间差异达极显著。

表 2-17　不同施 S 浓度膨大期骏枣叶片 F_0、Fm、Fv 日均值的比较

处理	叶绿素荧光参数		
	F_0	Fm	Fv
A	248.24±4.12ABab	1390.86±1.98BCb	1142.62±3.37Bb
B	234.19±3.07BCc	1304.33±3.20Dd	1070.14±5.42Cc
C	245.29±2.16ABabc	1394.29±3.22Bb	1149.00±5.22Bb
D	220.14±2.15Cd	1239.38±3.01Ee	1019.23±5.11Dd
E	241.67±4.03ABbc	1353.24±4.23Cc	1111.57±4.64BCb
CK	253.90±2.51Aa	1495.52±2.71Aa	1241.62±4.28Aa

注：小写字母表示在 5% 的显著性水平下显著；大写字母表示在 1% 的显著性水平下显著。

　　由图 2-82 可以看出 C 浓度 Fv/Fm 的日均值较高，B 浓度的较低；由高到低的顺序为：C 浓度>D 浓度>A 浓度>E 浓度>B 浓度，但各浓度间均无显著差异。由图 2-83 可以看出，Fv/F_0 的日均值也表现为 C 浓度较高，由高到低的顺序为：C 浓度>D 浓度>A 浓度>B 浓度>E 浓度，各浓度间无显著差异。

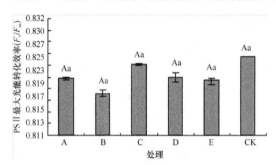

图 2-82　不同施 S 浓度膨大期骏枣叶片 Fv/Fm 日均值比较

注：小写字母表示在 5% 的显著性水平下显著；大写字母表示在 1% 的显著性水平下显著。

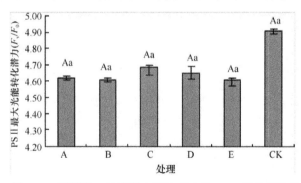

图 2-83　不同施 S 浓度膨大期骏枣叶片 Fv/F_0 日均值比较

注：小写字母表示在 5% 的显著性水平下显著；大写字母表示在 1% 的显著性水平下显著。

2) 喷施 Ca 元素对膨大期骏枣叶片荧光参数的影响

　　① 膨大期不同浓度的 Ca 处理骏枣叶片 F_0 的日变化

　　5 种施 Ca 浓度对膨大期骏枣叶片 F_0 日变化的影响如图 2-84 所示。可以看出，

D 浓度表现为先升高后下降再升高走势，其他浓度均为先升高后下降走势。其中 D 浓度的峰值分别出现在 10：00 和 14：00，B 浓度的峰值出现在 10：00，其他浓度的峰值均出现在 12：00。

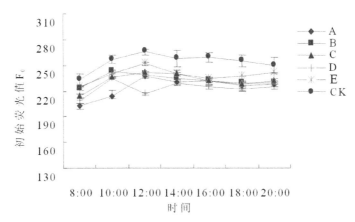

图 2-84　不同施 Ca 浓度对膨大期骏枣叶片 F_0 日变化的影响

②膨大期不同浓度的 Ca 处理骏枣叶片 Fm 的日变化

5 种施 Ca 浓度对膨大期骏枣叶片 Fm 日变化的影响如图 2-85 所示。可以看出，D、E 浓度和 CK 处理都在 8：00～10：00 缓慢下降，而后呈不断上升走势。A、B、C 浓度都呈先下降后上升的走势，且谷值都出现在 12：00。

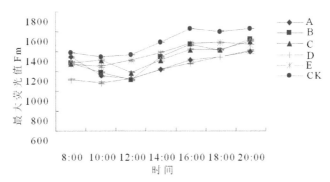

图 2-85　不同施 Ca 浓度对膨大期骏枣叶片 Fm 日变化的影响

③膨大期不同浓度的 Ca 处理骏枣叶片 Fv/Fm 的日变化

5 种施 Ca 浓度对膨大期骏枣叶片 Fv/Fm 日变化的影响如图 2-86 所示。可以看出，各浓度均呈现先下降后上升的走势，其中 D 浓度谷值出现在 10：00，A、B、C、E 浓度及 CK 的谷值均出现在 12：00。

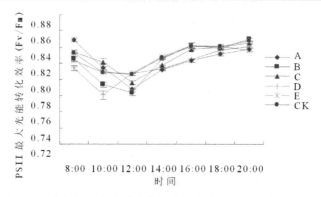

图 2-86　不同施 Ca 浓度对膨大期骏枣叶片 *Fv/Fm* 日变化的影响

④膨大期不同浓度的 Ca 处理骏枣叶片 *Fv/F₀* 的日变化

5 种施 Ca 浓度对膨大期骏枣叶片 *Fv/F₀* 日变化的影响如图 2-87 所示。可以看出，与 *Fv/Fm* 的日变化相同，各浓度及 CK 均呈"V"型走势，且 A 浓度下降幅度最大，E 浓度下降幅度最小。

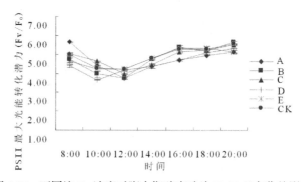

图 2-87　不同施 Ca 浓度对膨大期骏枣叶片 *Fv/F₀* 日变化的影响

⑤膨大期不同浓度的 Ca 处理骏枣叶片荧光参数的日均值

由表 2-18 可以看出，E 浓度的 F_0、Fm、Fv 日均值相对较高，D 浓度的值较低。F_0 日均值由高到低的顺序为：E 浓度>B 浓度>C 浓度>A 浓度>D 浓度。Fm 日均值由高到低的顺序为：E 浓度>C 浓度>B 浓度>A 浓度>D 浓度。Fv 日均值由高到低的顺序为：E 浓度>C 浓度>B 浓度>A 浓度>D 浓度。F_0 的差异性表现为 D 浓度与 E 浓度及 CK 有极显著差异，其余各浓度间无显著差异；Fm 的差异性表现为 C、E 浓度间差异不显著，其余浓度间差异显著，且 B、C、E 浓度和 A、D 浓度及 CK 之间差异极显著。Fv 表现为 B、C 浓度间差异不显著，其余浓度间差异显著，且 B、C、E 浓度与 A、D 浓度及 CK 间差异极显著。

表 2-18　不同 Ca 浓度膨大期骏枣 F_0、Fm、Fv 日均值的比较

处理	叶绿素荧光参数		
	F_0	Fm	Fv
A	224.15±2.55BCcd	1272.67±3.28Cd	1048.52±3.37CDd
B	232.81±3.25BCbc	1335.86±3.54Bc	1103.05±3.02BCc
C	231.81±3.05BCbc	1351.81±2.72Bbc	1120.00±4.21Bbc
D	222.81±3.42Cd	1228.62±3.46Ce	1005.81±4.16De
E	238.52±2.13Bb	1383.05±2.24Bb	1144.52±5.14Bb
CK	253.90±3.24Aa	1495.52±3.61Aa	1241.62±4.25Aa

注：小写字母表示在 5%的显著性水平下显著；大写字母表示在 1%的显著性水平下显著。

由图 2-88 可以看出 C 浓度 Fv/Fm 的日均值较高，D 浓度的较低；由高到低的顺序为：C 浓度>E 浓度>B 浓度>A 浓度>D 浓度，各浓度间无显著差异。由图 2-89 可以看出 Fv/F_0 的日均值也表现为 C 浓度较高，差异性表现为 C 浓度和 A、B、E 浓度间差异不显著，和 D 浓度有显著差异。

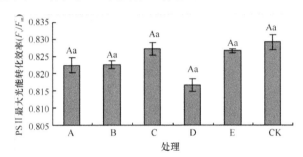

图 2-88　不同施 Ca 浓度膨大期骏枣叶片 Fv/Fm 日均值比较
注：小写字母表示在 5%的显著性水平下显著；大写字母表示在 1%的显著性水平下显著。

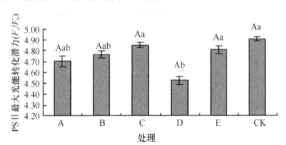

图 2-89　不同施 Ca 浓度膨大期骏枣叶片 Fv/F_0 日均值比较
注：小写字母表示在 5%的显著性水平下显著；大写字母表示在 1%的显著性水平下显著。

3）喷施 Mg 元素对膨大期骏枣叶片荧光参数的影响

①膨大期不同浓度的 Mg 处理骏枣叶片 F_0 的日变化

5 种施 Mg 浓度对膨大期骏枣叶片 F_0 日变化的影响如图 2-90 所示。可以看出，各浓度总体都表现为先上升后下降走势，其中 A 浓度在 10：00～12：00 开始下降，E 浓度在 12：00～14：00 开始下降，而后都开始回升。D 浓度则在 8：00～10：00

先略微有所下降，之后开始不断上升直到 20：00 开始回落。A 浓度和 CK 的峰值出现在 12：00，D 浓度峰值出现在 18：00，其余各浓度峰值均出现在 14：00。

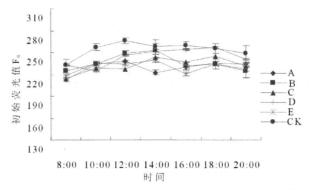

图 2-90　不同施 Mg 浓度对膨大期骏枣叶片 F_0 日变化的影响

②膨大期不同浓度的 Mg 处理骏枣叶片 Fm 的日变化

5 种施 Mg 浓度对膨大期骏枣叶片 Fm 日变化的影响如图 2-91 所示。可以看出，除 E 浓度呈先上升后下降的走势以外，其他各浓度都表现为先下降后上升的走势。E 浓度峰值出现在 10：00。C、D 浓度及 CK 的谷值出现在 10：00，其余浓度谷值都出现在 12：00。

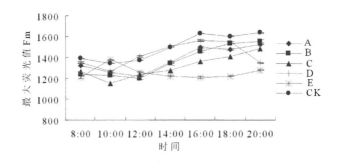

图 2-91　不同施 Mg 浓度对膨大期骏枣叶片 Fm 日变化的影响

③膨大期不同浓度的 Mg 处理骏枣叶片 Fv/Fm 的日变化

5 种施 Mg 浓度对膨大期骏枣叶片 Fv/Fm 日变化的影响如图 2-92 所示。可以看出，E 浓度呈升-降-升-降-升的走势，其他各浓度均呈先下降后上升的走势。其中 C、D 浓度谷值出现在 10：00，A、B 浓度及 CK 谷值出现在 12：00。E 浓度的峰值出现在 10：00，谷值均出现在 14：00。

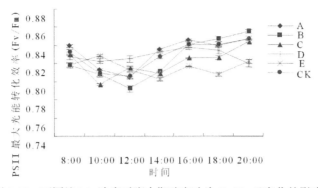

图 2-92　不同施 Mg 浓度对膨大期骏枣叶片 Fv/Fm 日变化的影响

④膨大期不同浓度的 Mg 处理骏枣叶片 Fv/F_0 的日变化

5 种施 Mg 浓度对膨大期骏枣叶片 Fv/F_0 日变化的影响如图 2-93 所示。可以看出，与 Fv/Fm 的日变化相同，除 E 浓度以外均呈"V"型走势，且 E 浓度为一条三峰曲线。

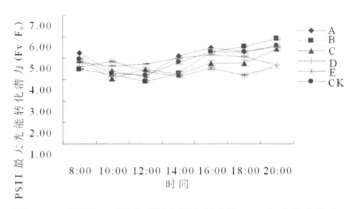

图 2-93　不同施 Mg 浓度对膨大期骏枣叶片 Fv/F_0 日变化的影响

⑤膨大期不同浓度的 Mg 处理骏枣叶片荧光参数的日均值

由表 2-19 可以看出，D 浓度的 F_0 日均值相对较高，A 浓度的值较低。F_0 日均值由高到低的顺序为：D 浓度>B 浓度>C 浓度>E 浓度>A 浓度。Fm、Fv 日均值由高到低的顺序为：D 浓度>A 浓度>B 浓度>C 浓度>E 浓度。F_0 的差异性表现为 D 浓度与 B 浓度无显著差异，与其余各浓度间均存在显著差异，但未达到极显著差异；Fm 的差异性表现为 A、B 浓度间无显著差异，与其他浓度及 CK 差异显著；D、E 浓度与 CK 间差异达极显著；Fv 差异性与 Fm 表现相同。

表 2-19　不同 Mg 浓度间膨大期骏枣叶片 F_0、Fm、Fv 日均值的比较

处理	叶绿素荧光参数		
	F_0	Fm	Fv
A	229.48±4.13Bc	1377.62±3.18BCc	1148.14±3.37BCbc
B	235.81±3.23Bbc	1363.81±4.25BCc	1128.00±3.05BCcd
C	232.48±3.26Bc	1312.00±2.27CDd	1079.52±3.23CDd
D	243.86±3.10ABab	1428.52±3.22Bb	1184.67±3.18ABb
E	229.95±2.53Bc	1253.67±4.21De	1023.71±4.32De
CK	253.09±4.11Aa	1495.52±3.24Aa	1241.62±5.25Aa

注：小写字母表示在 5%的显著性水平下显著；大写字母表示在 1%的显著性水平下显著。

由图 2-94 可以看出 A 浓度 Fv/Fm 的日均值较高，E 浓度的较低。由高到低的顺序为：A 浓度>D 浓度>B 浓度>C 浓度>E 浓度，各浓度间无显著差异。由图 2-95 可以看出，Fv/F_0 的日均值也表现为 A 浓度较高。差异性表现为 E 浓度与 A 浓度及 CK 存在显著性差异，其他各浓度间无显著差异。

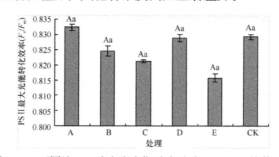

图 2-94　不同施 Mg 浓度膨大期骏枣叶片 Fv/Fm 日均值比较

注：小写字母表示在 5%的显著性水平下显著；大写字母表示在 1%的显著性水平下显著。

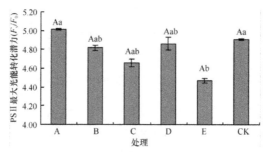

图 2-95　不同施 Mg 浓度膨大期骏枣叶片 Fv/F_0 日均值比较

注：小写字母表示在 5%的显著性水平下显著；大写字母表示在 1%的显著性水平下显著。

3. 喷施中量元素对成熟期骏枣叶片荧光参数日变化的影响

1）喷施 S 元素对成熟期骏枣叶片荧光参数的影响

①成熟期不同浓度的 S 处理骏枣叶片 F_0 的日变化

5 种施 S 浓度对成熟期骏枣叶片 F_0 日变化的影响如图 2-96 所示。可以看出，

CK 呈升-降-升-降的双峰曲线，其余各浓度均总体表现为先升高后降低的走势，其中 D、E 浓度在 8：00～10：00 有一个下降过程。且峰值与 A、B 浓度相同均出现在 12：00，C 浓度的峰值则出现在 14：00，CK 的峰值出现在了 10：00 和 18：00。

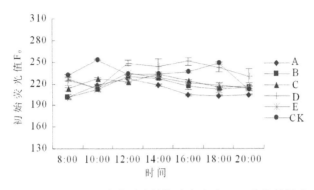

图 2-96　不同施 S 浓度对成熟期骏枣叶片 F_0 日变化的影响

②成熟期不同浓度的 S 处理骏枣叶片 Fm 的日变化

5 种施 S 浓度对成熟期骏枣叶片 Fm 日变化的影响如图 2-97 所示。可以看出，各浓度总体呈先下降后上升走势，其中 D 浓度在 16：00～20：00 有一个回落过程。CK 的谷值出现在 18：00，其他浓度谷值均出现在 10：00，B 浓度在 8：00～10：00 下降幅度最小。

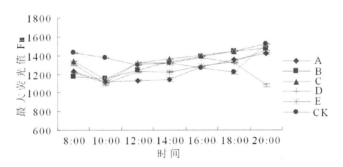

图 2-97　不同施 S 浓度对成熟期骏枣叶片 Fm 日变化的影响

③成熟期不同浓度的 S 处理骏枣叶片 Fv/Fm 的日变化

5 种施 S 浓度对成熟期骏枣叶片 Fv/Fm 日变化的影响如图 2-98 所示。可以看出，D 浓度在 8：00～10：00 有略微下降，此后平缓延生，在 18：00 出现了大幅度下降的走势，其他各浓度总体呈先下降后上升走势。C、D、E 浓度谷值出现在 10：00，A、B 浓度谷值出现在 12：00，CK 谷值则出现在 18：00。

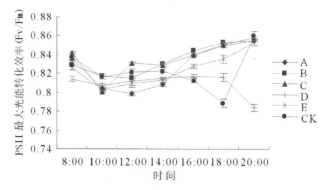

图 2-98　不同施 S 浓度对成熟期骏枣叶片 Fv/Fm 日变化的影响

④成熟期不同浓度的 S 处理骏枣叶片 Fv/F_0 的日变化

5 种施 S 浓度对成熟期骏枣叶片 Fv/F_0 日变化的影响如图 2-99 所示。可以看出，与 Fv/Fm 的日变化相同，除 D 浓度以外，其他浓度及 CK 均呈"V"型走势，且 C 浓度下降幅度最大，E 浓度下降幅度最小。

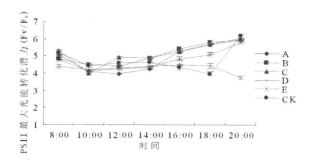

图 2-99　不同施 S 浓度对成熟期骏枣叶片 Fv/F_0 日变化的影响

⑤成熟期不同浓度的 S 处理骏枣叶片荧光参数的日均值

由表 2-20 可以看出，D 浓度的 F_0 日均值相对较高，A 浓度的值较低；F_0 日均值由高到低的顺序为：D 浓度>E 浓度>C 浓度>B 浓度>A 浓度。Fm 日均值由高到低的顺序为：C 浓度>B 浓度>E 浓度>D 浓度>A 浓度。Fv 日均值由高到低的顺序为：C 浓度>B 浓度>E 浓度>A 浓度>D 浓度。F_0 的差异性表现为 D 浓度与 CK 无显著差异，与其余各浓度间均存在极显著差异，A 浓度与 B 浓度间无显著差异。Fm 的差异性表现为 D 浓度与 E、A 浓度间及 C 浓度与 CK 间差异不显著，其余浓度间差异显著；且 B、C、CK 与 A、D、E 浓度间差异达极显著；B 浓度和 C 浓度与 CK 无显著差异，与其他各浓度间均有极显著差异；A 浓度和 E 浓度有显著差异，B 浓度和 C 浓度有显著差异。Fv 差异性表现与 Fm 相似：D 浓度和 E 浓度有显著差异，B 浓度和 C 浓度有显著差异无极显著差异，A 浓度和 D、E 浓度均无显著差异，B 浓度和 C 浓度与 CK 无显著差异，与其他各浓度间均有极显著差异。

表 2-20 不同 S 浓度间成熟期骏枣叶片 F_0、Fm、Fv 日均值的比较

处理	叶绿素荧光参数		
	F_0	Fm	Fv
A	210.90±3.52Cc	1235.67±4.28Bd	1024.76±5.31Bcd
B	215.81±3.02BCc	1315.19±5.20Ab	1099.38±2.42Ab
C	221.14±2.76Bb	1358.90±3.32Aa	1137.76±4.72Aa
D	236.24±2.18Aa	1245.15±3.71Bcd	1008.90±3.11Bd
E	221.95±3.83Bb	1270.67±4.25Bc	1048.71±4.04Bc
CK	235.10±2.31Aa	1344.76±3.71Aab	1109.67±3.24Aab

注：小写字母表示在 5%的显著性水平下显著；大写字母表示在 1%的显著性水平下显著。

由图 2-100 可以看出 C 浓度 Fv/Fm 的日均值较高，D 浓度的较低。由高到低的顺序为：C 浓度>B 浓度>A 浓度>E 浓度>D 浓度，D 浓度与各浓度间均有极显著差异，与 CK 无显著差异。由图 2-101 可以看出，Fv/F_0 的日均值也表现为 C 浓度较高，A 浓度和 C 浓度有显著性差异无极显著差异，其余浓度间的差异性与 Fv/Fm 表现相同。

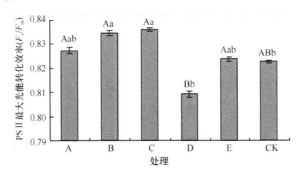

图 2-100 不同施 S 浓度成熟期骏枣叶片 Fv/Fm 日均值比较

注：小写字母表示在 5%的显著性水平下显著；大写字母表示在 1%的显著性水平下显著。

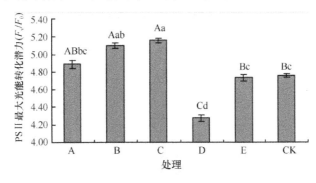

图 2-101 不同施 S 浓度成熟期骏枣叶片 Fv/F_0 日均值比较

注：小写字母表示在 5%的显著性水平下显著；大写字母表示在 1%的显著性水平下显著。

2) 喷施 Ca 元素对成熟期骏枣叶片荧光参数的影响

① 成熟期不同浓度的 Ca 处理骏枣叶片 F_0 的日变化

5 种施 Ca 浓度对成熟期骏枣叶片 F_0 日变化的影响如图 2-102 所示。可以看出，B、C、E 浓度呈单峰曲线，其中 B 浓度和 C 浓度的峰值出现在 12：00，E 浓度的峰值出现在 14：00，A 浓度、D 浓度及 CK 呈双峰曲线。A 浓度的两个峰值分别出现在 12：00 和 16：00，D 浓度的两个峰值出现在 12：00 和 18：00，CK 的则出现在 10：00 和 18：00。

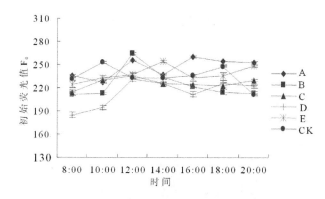

图 2-102　不同施 Ca 浓度对成熟期骏枣叶片 F_0 日变化的影响

② 成熟期不同浓度的 Ca 处理骏枣叶片 Fm 的日变化

5 种施 Ca 浓度对成熟期骏枣叶片 Fm 日变化的影响如图 2-103 所示。可以看出，A、B、E 浓度和 CK 呈先下降后上升的走势，其中 A、B、E 浓度谷值出现在 10：00，CK 出现在 18：00。C 浓度和 D 浓度则表现出先上升后下降的走势，且峰值都出现在 14：00。

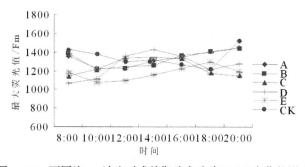

图 2-103　不同施 Ca 浓度对成熟期骏枣叶片 Fm 日变化的影响

③ 成熟期不同浓度的 Ca 处理骏枣叶片 Fv/Fm 的日变化

5 种施 Ca 浓度对成熟期骏枣叶片 Fv/Fm 日变化的影响如图 2-104 所示。可以看出，C 浓度和 D 浓度总体表现为先上升后下降的走势，峰值分别出现在 14：00和 16：00。A、B、E 浓度及 CK 总体呈现为先下降后上升的走势。A 浓度、B 浓度的谷值出现在 14：00，E 浓度谷值出现在 12：00，CK 的谷值则出现在 18：00。

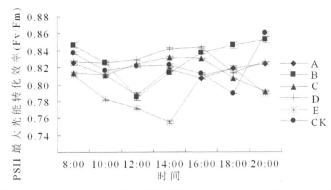

图 2-104　不同施 Ca 浓度对成熟期骏枣叶片 Fv/Fm 日变化的影响

④成熟期不同浓度的 Ca 处理骏枣叶片 Fv/F_0 的日变化

5 种施 Ca 浓度对成熟期骏枣叶片 Fv/F_0 日变化的影响如图 2-105 所示。可以看出，与 Fv/Fm 的日变化相同，A、B、E 浓度及 CK 均总体呈"V"型走势，但E 浓度的谷值出现在了 10：00。

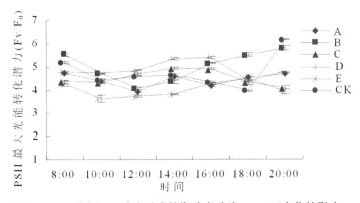

图 2-105　不同施 Ca 浓度对成熟期骏枣叶片 Fv/F_0 日变化的影响

⑤成熟期不同浓度的 Ca 处理骏枣叶片荧光参数的日均值

由表 2-21 可以看出，A 浓度的 F_0 日均值相对较高，D 浓度的值较低。F_0 日均值由高到低的顺序为：A 浓度>E 浓度>C 浓度>B 浓度>D 浓度。Fm、Fv 日均值由高到低的顺序为：B 浓度>A 浓度>D 浓度>C 浓度>E 浓度。F_0 的差异性表现为 A 浓度与 W、CK，B 与 C 浓度间差异不显著，其余各浓度间差异显著；A 浓度与 D 浓度间差异达极显著。A 浓度与 B 浓度有显著性差异，与 D 浓度有极显著差异；*Fm* 的差异性表现为 A、B、C、D 浓度与 CK 间差异不显著，它们与 E 浓度间差异达极显著。A、B 浓度与 E 浓度有极显著差异，其余各浓度间无显著差异；*Fv* 表现为与 *Fm* 一致。

表 2-21　不同 Ca 浓度间成熟期骏枣 *F₀*、*Fm*、*Fv* 日均值的比较

处理	叶绿素荧光参数		
	F_0	Fm	Fv
A	245.86±2.35Aa	1327.29±3.56Aa	1081.42±3.37Aa
B	224.81±3.08ABbc	1330.10±4.52Aa	1105.29±3.02Aa
C	226.14±3.72ABac	1241.05±3.70ABab	1014.90±4.21Aab
D	213.76±2.42Bc	1257.76±3.46ABab	1044.00±4.16Aab
E	237.76±2.83ABab	1174.90±2.87Bb	937.14±5.14Ab
CK	235.10±3.04ABab	1344.76±3.40Aa	1109.67±4.25Aa

注：小写字母表示在 5%的显著性水平下显著；大写字母表示在 1%的显著性水平下显著。

由图 2-106 可以看出 B 浓度 *Fv/Fm* 的日均值较高，E 浓度的较低。由高到低的顺序为：B 浓度>D 浓度>C 浓度>A 浓度>E 浓度，各浓度间无显著差异。由图 2-107 可以看出，*Fv/F₀* 的日均值也表现为 B 浓度较高，差异性表现为 E 浓度与 A 浓度、C 浓度间差异不显著，与 B、D 浓度及 CK 差异显著。

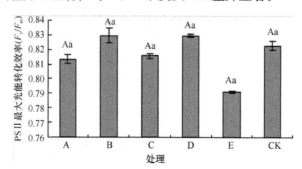

图 2-106　不同施 Ca 浓度成熟期骏枣叶片 *Fv/Fm* 日均值比较

注：小写字母表示在 5%的显著性水平下显著；大写字母表示在 1%的显著性水平下显著。

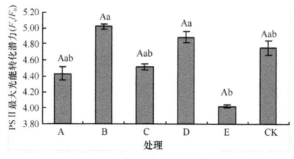

图 2-107　不同施 Ca 浓度成熟期骏枣叶片 *Fv/F₀* 日均值比较。

注：小写字母表示在 5%的显著性水平下显著；大写字母表示在 1%的显著性水平下显著。

3) 喷施 Mg 元素对成熟期骏枣叶片荧光参数的影响

① 成熟期不同浓度的 Mg 处理骏枣叶片 F_0 的日变化

5 种施 Mg 浓度对成熟期骏枣叶片 F_0 日变化的影响如图 2-108 所示。可以看出，CK 呈双峰曲线，峰值分别出现在 10：00 和 18：00。其他各浓度均表现出先上升后下降的的走势，C 浓度的峰值出现在 14：00，A、B、D、E 浓度的峰值都出现在 12：00。

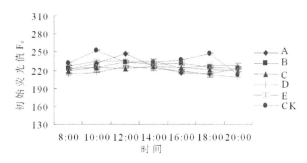

图 2-108　不同施 Mg 浓度对成熟期骏枣叶片 F_0 日变化的影响

② 成熟期不同浓度的 Mg 处理骏枣叶片 Fm 的日变化

5 种施 Mg 浓度对成熟期骏枣叶片 Fm 日变化的影响如图 2-109 所示。可以看出，B 浓度、E 浓度及 CK 呈先下降后上升的走势，B 浓度、E 浓度的谷值出现在 10：00，CK 谷值出现在 18：00；D 浓度呈先上升后下降的走势，峰值出现在 12：00；A 浓度表现出升-降-升的走势；C 浓度则表现出降-升-降的走势，谷值出现在 10：00，峰值出现在 14：00。

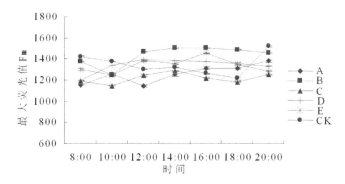

图 2-109　成熟期不同施 Mg 浓度对骏枣叶片 Fm 日变化的影响

③ 成熟期不同浓度的 Mg 处理骏枣叶片 Fv/Fm 的日变化

5 种施 Mg 浓度对成熟期骏枣叶片 Fv/Fm 日变化的影响如图 2-110 所示。可以看出，D浓度表现为先上升而后平缓延生的走势；E浓度则呈降-升-降-升-降的走势，其他各浓度均呈先下降后上升的走势。其中B、C浓度谷值出现在10：00，A浓度谷值出现在12：00，CK则出现在18：00。

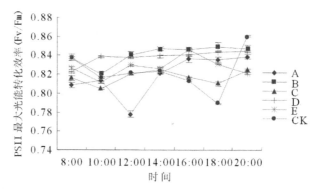

图 2-110　不同施 Mg 浓度对成熟期骏枣叶片 *Fv/Fm* 日变化的影响

④成熟期不同浓度的 Mg 处理骏枣叶片 *Fv/F₀* 的日变化

5 种施 Mg 浓度对成熟期骏枣叶片 *Fv/F₀* 日变化的影响如图 2-111 所示。可以看出，与 *Fv/Fm* 的日变化相同，除 E 浓度和 D 浓度以外均呈 "V" 型走势，且 E 浓度为一条双峰曲线。

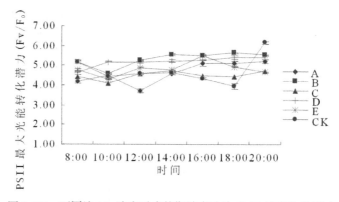

图 2-111　不同施 Mg 浓度对成熟期骏枣叶片 *Fv/F₀* 日变化的影响

⑤成熟期不同浓度的 Mg 处理骏枣叶片荧光参数的日均值

由表 2-22 可以看出，E 浓度的 F_0 日均值相对较高，D 浓度的值较低。F_0 日均值由高到低的顺序为：E 浓度>B 浓度>A 浓度>C 浓度>D 浓度。*Fm*、*Fv* 日均值由高到低的顺序为：B 浓度>D 浓度>E 浓度>A 浓度>C 浓度。F_0 的差异性表现为 D 浓度与 C 浓度无显著差异，与其余各浓度间及 CK 均存在极显著差异，E 浓度与 C、D 浓度有显著差异，与其余各浓度均无显著差异；*Fm* 的差异性表现为 B、D、E 浓度及 CK 间无显著差异，A、C 浓度间无显著差异；*Fv* 差异性与 *Fm* 表现相同。

表 2-22　不同 Mg 浓度成熟期骏枣 F_0、Fm、Fv 日均值的比较

处理	叶绿素荧光参数		
	F_0	Fm	Fv
A	225.48±3.63ABCbc	1259.71±3.18Cc	1034.24±3.37Cc
B	227.00±3.27ABbc	1434.24±4.25Aa	1207.23±3.05Aa
C	222.62±4.20BCcd	1219.57±2.27Cc	996.95±3.23Cc
D	216.76±3.15Cd	1339.57±3.22Bb	1122.81±3.18Bb
E	229.85±4.13ABab	1338.33±4.21Bb	1108.48±4.32Bb
CK	253.10±3.12Aa	1344.76±3.24Bb	1109.67±5.25Bb

注：小写字母表示在 5%的显著性水平下显著；大写字母表示在 1%的显著性水平下显著。

　　由图 2-112 可以看出 B 浓度 Fv/Fm 的日均值较高，C 浓度的较低，由高到低的顺序为：B 浓度>D 浓度>E 浓度>A 浓度>C 浓度；C 浓度与 B、D 浓度有极显著差异，与其他各浓度及 CK 无显著差异；B 浓度与 A 浓度及 CK 有显著差异，但无极显著差异。由图 2-113 可以看出，Fv/F_0 的日均值也表现为 B 浓度较高，差异性表现为 B 浓度与 A 浓度和 C 浓度存在极显著性差异；D 浓度与 A、C、E 浓度极 CK 间有显著差异，其他各浓度间无显著差异。

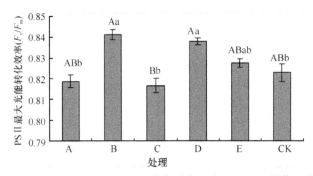

图 2-112　不同施 Mg 浓度成熟期骏枣叶片 Fv/Fm 日均值比较

注：小写字母表示在 5%的显著性水平下显著；大写字母表示在 1%的显著性水平下显著。

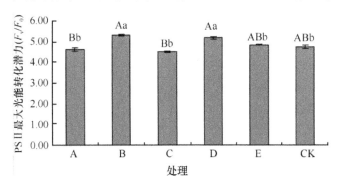

图 2-113　不同施 Mg 浓度成熟期骏枣叶片 Fv/F_0 日均值比较

注：小写字母表示在 5%的显著性水平下显著；大写字母表示在 1%的显著性水平下显著。

4. 同一施肥浓度不同物候期骏枣叶片叶绿素荧光参数日均值比较

1) 不同时期同一施 S 浓度间叶绿素荧光参数日均值比较

由表 2-23 可以看出，A 浓度的 F_0、Fm、Fv 日均值由高到低的顺序为膨大期 >花期>成熟期；F_0 日均值差异性表现为膨大期与花期、成熟期均有极显著差异，花期与成熟期无显著差异；Fm 表现为三个时期都有极显著差异；Fv 表现为花期与膨大期无显著差异，成熟期与花期、膨大期均有极显著差异。B 浓度 F_0 日均值由高到低的顺序为膨大期>花期>成熟期；Fm、Fv 日均值由高到低的顺序为花期>成熟期>膨大期；F_0 差异性表现为花期与膨大期有显著差异，无极显著差异，膨大期与成熟期有极显著差异，花期与成熟期无显著差异；Fm、Fv 表现为花期与膨大期、成熟期均有极显著差异。C 浓度 F_0 日均值由高到低的顺序为膨大期>成熟期>花期；Fm、Fv 日均值由高到低的顺序为花期>膨大期>成熟期；F_0 差异性表现为膨大期与花期、成熟期均有极显著差异，花期与成熟期有显著差异；Fm 表现为三个时期都有极显著差异，Fv 表现为花期与膨大期、成熟期均有极显著差异。D 浓度 F_0 日均值由高到低的顺序为成熟期>花期>膨大期；Fm 日均值由高到低的顺序为花期>成熟期>膨大期；Fv 日均值日均值由高到低的顺序为花期>膨大期>成熟期；F_0 差异性表现为膨大期与花期、成熟期均有极显著差异，三个时期均有显著差异；Fm、Fv 表现为花期与膨大期成熟期均有极显著差异。E 浓度 F_0、Fm、Fv 日均值日均值由高到低的顺序为花期>膨大期>成熟期；F_0 差异性表现为花期与成熟期有显著差异，无极显著差异，膨大期与成熟期有极显著差异；Fm、Fv 表现为三个时期都有极显著差异。

表 2-23　同一施 S 浓度不同物候期骏枣叶片 F_0、Fm、Fv 日均值的比较

物候 ＼ 处理	A			B		
	F_0	Fm	Fv	F_0	Fm	Fv
花期	211.67±2.32Bb	1341.14±5.25Bb	1129.48±3.64Aa	221.24±2.10ABb	1444.14±3.13Aa	1222.90±4.05Aa
膨大期	248.24±2.66Aa	1390.86±2.55Aa	1142.62±4.12Aa	234.19±2.43Aa	1304.33±4.42Bb	1070.14±3.37Bb
成熟期	210.90±3.21Bb	1235.67±4.13Cc	1024.76±3.51Bb	215.81±2.37Bb	1315.19±5.20Bb	1099.38±6.01Bb

物候 ＼ 处理	C			D		
	F_0	Fm	Fv	F_0	Fm	Fv
花期	215.76±2.32Bc	1446.14±3.12Aa	1230.38±3.51Aa	228.00±2.25Ab	1514.71±3.12Aa	1286.71±3.32Aa
膨大期	245.29±3.31Aa	1394.29±3.31Bb	1149.00±4.25Bb	220.14±3.26Bc	1239.38±2.05Bb	1019.24±5.18Bb
成熟期	221.14±3.50Bb	1358.90±3.27Cc	1137.76±4.03Bb	236.24±2.41Aa	1245.14±3.17Bb	1008.90±4.33Bb

续表

处理 物候	E			CK		
	F_0	Fm	Fv	F_0	Fm	Fv
花期	246.48±3.10Aa	1653.71±4.12Aa	1407.24±3.11Aa	228.00±2.75ABc	1514.71±3.33Ab	1286.71±3.42Ab
膨大期	241.67±2.45Aa	1353.24±3.66Bb	1111.57±3.71Bb	220.14±2.05Ba	1239.38±2.11Ba	1019.24±2.85Ba
成熟期	221.95±2.35Bb	1270.67±3.24Cc	1048.71±4.24Cc	236.28±2.42Ab	1245.14±3.21Bb	1008.90±4.12Bb

注：小写字母表示在5%的显著性水平下显著；大写字母表示在1%的显著性水平下显著。

由图 2-114 可以看出，Fv/Fm 日均值在花期表现为 E 浓度较高，在膨大期和成熟期则表现为 C 浓度较高，且各时期间均有显著差异。由图 2-115 可以看出，Fv/F_0 日均值各时期的最高值与 Fv/Fm 日均值表现相同，差异性则表现出 A、B、C、D 浓度在三个时期都有显著差异，E 浓度和 CK 则表现为花期与膨大期、成熟期有显著差异，膨大期与成熟期无显著差异。

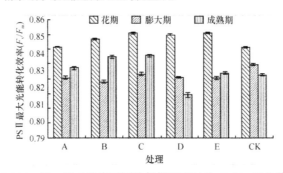

图 2-114　同一施 S 浓度不同物候期骏枣叶片 Fv/Fm 日均值比较

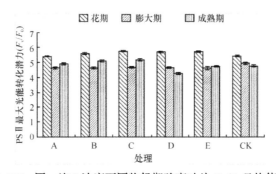

图 2-115　同一施 S 浓度不同物候期骏枣叶片 Fv/F_0 日均值比较

2）同一施 Ca 浓度不同物候期骏枣叶片叶绿素荧光参数日均值比较

由表 2-24 可以看出，A 浓度的 F_0 日均值由高到低的顺序为成熟期>膨大期>花期；Fm、Fv 日均值由高到低的顺序为花期>成熟期>膨大期；F_0 日均值差异性表现为成熟期与花期、膨大期均有极显著差异，花期与膨大期无显著差异；Fm、

Fv 表现为花期与膨大期有显著差异，与成熟期无显著差异，膨大期与成熟期也无显著差异。B 浓度 F_0、Fm 日均值由高到低的顺序为膨大期>成熟期>花期；Fv 日均值由高到低的顺序为成熟期>膨大期>花期；F_0 差异性表现为花期与膨大期有显著差异，与成熟期无显著差异，膨大期与成熟期也无显著差异；Fm 花期与膨大期、成熟期均有极显著差异；Fv 表现为三个时期均无显著差异。C 浓度 F_0、Fm、Fv 日均值由高到低的顺序为膨大期>成熟期>花期；F_0 差异性表现为花期与膨大期、成熟期均有极显著差异，膨大期与成熟期无显著差异；Fm 表现为花期与膨大期有显著差异，与成熟期无显著差异，膨大期与成熟期也无显著差异；Fv 表现为三个时期均无显著差异。D 浓度 F_0 日均值由高到低的顺序为膨大期>花期>成熟期；Fm、Fv 日均值由高到低的顺序为花期>成熟期>膨大期；F_0 差异性表现为成熟期与膨大期有显著差异，与花期无显著差异，膨大期与花期也无显著差异；Fm、Fv 表现为三个时期均有极显著差异。E 浓度 F_0 日均值由高到低的顺序为膨大期>成熟期>花期；Fm、Fv 日均值由高到低的顺序为花期>膨大期>成熟期；F_0 差异性表现为三个时期均无显著差异；Fm 表现为成熟期与膨大期、花期均有极显著差异，膨大期与花期无显著差异；Fv 表现为花期与成熟期有极显著差异，与膨大期无显著差异，膨大期与成熟期有显著差异。

表 2-24　同一施 Ca 浓度不同物候期骏枣叶片 F_0、Fm、Fv 日均值的比较

处理 物候	A			B		
	F_0	Fm	Fv	F_0	Fm	Fv
花期	215.52±3.32Bb	1343.10±4.27Aa	1127.57±3.55Aa	214.48±2.21Ab	1275.24±3.74Ab	1060.76±4.77Aa
膨大期	224.14±2.23Bb	1272.67±3.15Ab	1048.52±3.82Ab	232.81±2.33Aa	1335.86±4.33Aa	1103.05±3.79Aa
成熟期	245.86±3.40Aa	1327.29±3.22Aab	1081.43±4.27Aab	224.81±2.37Aab	1330.10±4.57Aa	1105.28±4.66Aa

处理 物候	C			D		
	F_0	Fm	Fv	F_0	Fm	Fv
花期	204.10±2.52Bb	1200.24±3.41Ab	996.14±3.70Aa	218.52±2.48Aab	1400.76±3.65Aa	1182.24±3.57Aa
膨大期	231.81±3.37Aa	1351.81±3.44Aa	1120.00±4.05Aa	222.81±3.27Aa	1228.62±2.73Cc	1005.81±5.12Cc
成熟期	226.14±3.42Aa	1241.05±3.23Aab	1014.90±4.43Aa	213.76±2.49Ab	1257.76±3.32Bb	1044.00±4.03Bb

处理 物候	E			CK		
	F_0	Fm	Fv	F_0	Fm	Fv
花期	224.33±3.25Aa	1440.29±4.02Aa	1215.95±3.15Aa	213.19±2.35Cc	1356.52±3.93Bb	1143.33±3.45Bb
膨大期	238.52±2.25Aa	1383.05±3.61Aa	1144.52±3.21ABa	253.90±2.77Aa	1495.52±2.11Aa	1241.62±2.87Aa
成熟期	237.76±2.45Aa	1174.90±3.59Bb	937.14±4.27Bb	235.10±2.82Bb	1344.76±3.21Bb	1109.67±4.36Bb

注：小写字母表示在 5% 的显著性水平下显著；大写字母表示在 1% 的显著性水平下显著。

由图 2-116 可以看出，Fv/Fm 日均值在花期表现为 E 浓度较高，在膨大期表现为 C 浓度较高，成熟期则表现为 B 浓度较高，且各时期间均有显著差异。由图 2-117 可以看现出，Fv/F_0 日均值各时期的最高值与 Fv/Fm 日均值表现相同，差异性则表现出除 B、C 浓度在三个时期无显著差异外，其他各浓度在三个时期都有显著差异。

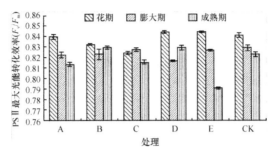

图 2-116　同一施 Ca 浓度不同物候期骏枣叶片 *Fv/Fm* 日均值比较

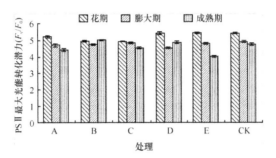

图 2-117　同一施 Ca 浓度不同物候期骏枣叶片 *Fv/F₀* 日均值比较

3）同一施 Mg 浓度不同物候期骏枣叶片叶绿素荧光参数日均值比较

由表 2-25 可以看出，A 浓度的 F_0 日均值由高到低的顺序为膨大期>成熟期>花期；Fm、Fv 日均值由高到低的顺序为膨大期>花期>成熟期；F_0 日均值差异性表现为花期与成熟期、膨大期均有极显著差异，成熟期与膨大期无显著差异；Fm、Fv 表现为成熟期与花期、膨大期有极显著差异，花期与膨大期无显著差异。B 浓度 F_0 日均值由高到低的顺序为膨大期>成熟期>花期；Fm、Fv 日均值由高到低的顺序为花期>成熟期>膨大期；F_0 差异性表现为花期与膨大期有显著差异，与成熟期无显著差异，膨大期与成熟期也无显著差异；Fm、Fv 表现为膨大期与花期、成熟期均有极显著差异，膨大期与成熟期有显著差异。C 浓度 F_0、Fm、Fv 日均值由高到低的顺序为膨大期>花期>成熟期；F_0 差异性表现为膨大期与成熟期有显著差异，花期与膨大期、成熟期均无显著差异；Fm 表现为成熟期与花期、膨大期有显著差异，花期与膨大期无显著差异；Fv 表现为膨大期与成熟期有显著差异，花期与膨大期、成熟期均无显著差异。D 浓度 F_0、Fm、Fv 日均值由高到低的顺序为膨大期>花期>成熟期；F_0 差异性表现为成熟期与膨大期有显著差异，与花期无显著差异；F_0、Fm、Fv 差异性均表现为三个时期都存在极显著差异。E 浓度

F_0日均值由高到低的顺序为花期>膨大期>成熟期；Fm、Fv日均值由高到低的顺序为花期>成熟期>膨大期；F_0差异性表现为花期与成熟期、膨大期有显著差异，膨大期与成熟期无显著差异；Fm表现为三个时期均有极显著差异；Fv表现为花期与膨大期有极显著差异，成熟期与花期、膨大期有显著差异。

表 2-25 同一施 Mg 浓度不同物候期骏枣叶片 F_0、Fm、Fv 日均值的比较

处理 物候	A			B		
	F_0	Fm	Fv	F_0	Fm	Fv
花期	204.42±3.42Bb	1356.62±4.32Aa	1152.19±3.35Aa	226.38±3.27Ab	1470.71±3.77Aa	1244.33±5.17Aa
膨大期	229.48±2.28Aa	1377.62±3.24Aa	1148.14±2.82Aa	235.81±4.33Aa	1363.81±3.33Bc	1128.00±3.39Bc
成熟期	225.48±3.11Aa	1259.71±3.37Bb	1034.24±4.47Bb	227.00±2.30Ab	1434.24±4.51Ab	1207.24±4.13Ab

处理 物候	C			D		
	F_0	Fm	Fv	F_0	Fm	Fv
花期	226.00±3.12Aab	1284.48±3.05Aa	1058.47±2.78Aab	228.67±3.48Bb	1376.67±3.23Bb	1148.00±4.25Bb
膨大期	232.48±3.31Aa	1312.00±3.54Aa	1079.52±4.49Aa	243.86±4.21Aa	1428.52±3.40Aa	1184.67±3.12Aa
成熟期	222.62±3.52Ab	1219.57±4.23Ab	996.95±5.03^{A}b	216.76±2.68Cc	1339.57±4.32Cc	1122.81±4.08Cc

处理 物候	E			CK		
	F_0	Fm	Fv	F_0	Fm	Fv
花期	*248.19±3.29Aa*	*1421.28±4.08Aa*	*1173.10±3.71Aa*	*213.19±2.35Cc*	*1356.52±3.93Bb*	*1143.33±3.45Bb*
膨大期	229.95±3.47Ab	1253.67±4.01Cc	1023.71±3.16Bc	253.90±2.77Aa	1495.52±2.11Aa	1241.62±2.87Aa
成熟期	229.86±3.75Ab	1338.33±3.79Bb	1108.48±4.27ABb	235.10±2.82Bb	1344.76±3.21Bb	1109.67±4.36Bb

注：小写字母表示在 5%的显著性水平下显著；大写字母表示在 1%的显著性水平下显著。

图 2-118 可以看出，Fv/Fm 日均值在花期和膨大期表现为 A 浓度较高，成熟期则表现为 B 浓度较高，且各时期间均有显著、差异。由图 2-119 可以看出，Fv/F_0 日均值各时期的最高值与 Fv/Fm 日均值表现相同，差异性则表现出 C 浓度在三个时期均无显著差异，B、D、E 浓度的膨大期与花期、成熟期有显著差异，花期与成熟期无显著差异，A 浓度在三个时期都有显著差异。

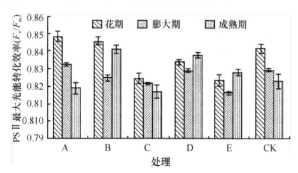

图 2-118 同一施 Mg 浓度不同物候期骏枣叶片 Fv/Fm 日均值比较

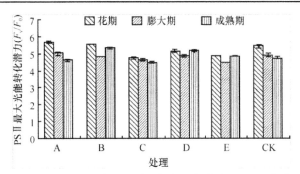

图 2-119 同一施 Mg 浓度不同物候期骏枣叶片 Fv/F_0 日均值比较

(四)喷施微量元素对骏枣叶片荧光参数的影响

1. 喷微量元素对花期骏枣叶片荧光参数日变化的影响

1)喷施 Fe 肥对花期骏枣叶片荧光参数的影响

①花期不同浓度 Fe 肥处理骏枣叶片 F_0 的日变化

5 种施 Fe 浓度对花期骏枣叶片 F_0 日变化的影响如图 2-120 所示。可以看出，E 浓度呈一条双峰曲线，峰值分别出现在 10：00 和 18：00，其余各浓度均总体表现为先升高后降低的走势。其中 A 浓度和 CK 的峰值出现在 12：00，但 A 浓度的上升下降幅度不明显。B、C、D 浓度的峰值则均出现在 10：00。

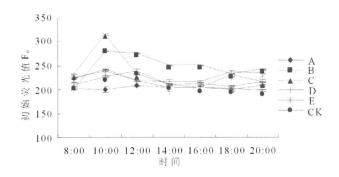

图 2-120 不同施 Fe 浓度对花期骏枣叶片 F_0 日变化的影响

②花期不同浓度 Fe 肥处理骏枣叶片 Fm 的日变化

5 种施 Fe 浓度对花期骏枣叶片 Fm 日变化的影响如图 2-121 所示。可以看出，A 浓度和 B 浓度总体不断上升走势，其中 A 浓度在 8：00～10：00 有略微下降；B 浓度 12：00～14：00 有略微下降，C 浓度先呈平缓延伸走势，在 18：00～20：00 出现了下降，D、E 浓度及 CK 均呈先下降后上升的走势，谷值分别出现在 16：

00、18：00、10：00，其中 D 浓度变化幅度不明显。

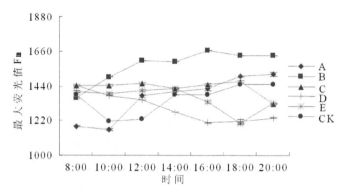

图 2-121　不同施 Fe 浓度对花期骏枣叶片 *Fm* 日变化的影响

③花期不同浓度 Fe 肥处理骏枣叶片 *Fv/Fm* 的日变化

5 种施 Fe 浓度对花期骏枣叶片 *Fv/Fm* 日变化的影响如图 2-122 所示。可以看出，A 浓度表现出不断上升的走势，D 浓度和 E 浓度表现为降-升-降-升的走势，两个谷值分别出现在 10：00 和 18：00，B、C 浓度及 CK 则表现为先下降后上升的走势，B、C 浓度的谷值出现在 10：00，CK 谷值则出现在12：00。

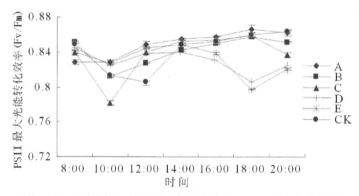

图 2-122　不同施 Fe 浓度对花期骏枣叶片 *Fv/Fm* 日变化的影响

④花期不同浓度 Fe 肥处理骏枣叶片 *Fv/F₀* 的日变化

5 种施 Fe 浓度对花期骏枣叶片 Fv/F_0 日变化的影响如图 2-123 所示。可以看出，与 *Fv/Fm* 的日变化相同，除 A、D、E 浓度以外，其他浓度及 CK 均呈"V"型走势，其中 A、B、C 浓度在 18：00~20：00 有一个回落过程。

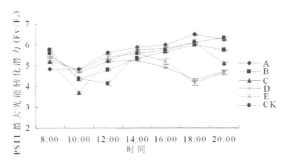

图 2-123 不同施 Fe 浓度对花期骏枣叶片 Fv/F_0 日变化的影响

⑤花期不同浓度 Fe 肥处理骏枣叶片荧光参数的日均值

由表 2-26 可以看出，B 浓度的 F_0 日均值相对较高，A 浓度的值较低，F_0 日均值由高到低的顺序为：B 浓度>C 浓度>E 浓度>D 浓度>A 浓度；Fm、Fv 日均值由高到低的顺序为：B 浓度>C 浓度>A 浓度>E 浓度>D 浓度；F_0 的差异性表现为 A、B、C、D 浓度及 CK 间有极显著差异；E 浓度与 B、C 浓度及 CK 有极显著差异；D 浓度与 CK 无显著差异。Fm 的差异性表现为 A、B、C、D 浓度有极显著性差异，E 浓度与 CK 无显著差异；E 浓度及 CK 与 B、C、D 有极显著差异。Fv 差异性表现为 C 浓度与 A、B、D、E 浓度有极显著差异，B 浓度与 A、D、E 浓度及 CK 有极显著差异；A 浓度和 D、E 浓度有极显著差异；D 浓度、E 浓度及 CK 均无显著差异。

表 2-26 不同 Fe 浓度花期骏枣叶片 F_0、Fm、Fv 日均值的比较

处理	叶绿素荧光参数		
	F_0	Fm	Fv
A	203.86±3.34Ee	1367.14±3.18Cc	1163.29±5.71BCbc
B	248.14±3.17Aa	1569.67±5.01Aa	1321.52±3.48Aa
C	232.24±2.86Bb	1430.57±3.45Bb	1198.33±4.32Bb
D	220.05±3.18CDcd	1301.19±3.11Dd	1081.14±3.19Dd
E	227.00±3.73BCbc	1357.81±4.55CDc	1130.81±4.08CDc
CK	213.19±2.39DEd	1356.52±3.48CDc	1143.33±3.73BCDc

注：小写字母表示在 5%的显著性水平下显著；大写字母表示在 1%的显著性水平下显著。

由图 2-124 可以看出 A 浓度 Fv/Fm 的日均值较高，D 浓度的较低。由高到低的顺序为：A 浓度>B 浓度>C 浓度>E 浓度>D 浓度。A 浓度与 D、E 浓度间均有极显著差异，与 C 有显著差异，其他各浓度间均无显著差异。由图 2-125 可以看出，Fv/F_0 的日均值也表现为 C 浓度较高，A 浓度与 C、D、E 浓度间均有极显著差异，与 B 浓度及 CK 有显著差异，C 浓度与 D、E 浓度及 CK 有显著差异。

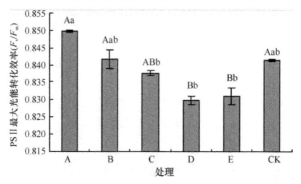

图 2-124　不同施 Fe 浓度花期骏枣叶片 Fv/Fm 日均值比较

注：小写字母表示在 5% 的显著性水平下显著；大写字母表示在 1% 的显著性水平下显著。

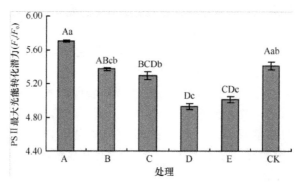

图 2-125　不同施 Fe 浓度花期骏枣叶片 Fv/F_0 日均值比较

注：小写字母表示在 5% 的显著性水平下显著；大写字母表示在 1% 的显著性水平下显著。

2) 喷施 Zn 肥对花期骏枣叶片荧光参数的影响

①花期不同浓度 Zn 肥处理骏枣叶片 F_0 的日变化

5 种施 Zn 浓度对花期骏枣叶片 F_0 日变化的影响如图 2-126 所示。可以看出，C、E 浓度呈升-降-升的走势，峰值分别出现在 10：00 和 12：00，谷值分别出现在 18：00 和 16：00。A、B 浓度及 CK 呈先上升后下降的走势，峰值分别出现在 10：00 时和 12：00。C 浓度呈升-降-升-降的走势，两个峰值分别出现在 10：00 和 18：00。

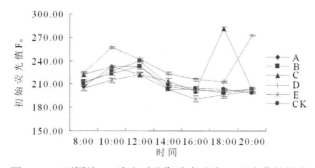

图 2-126　不同施 Zn 浓度对花期骏枣叶片 F_0 日变化的影响

②花期不同浓度 Zn 肥处理骏枣叶片 *Fm* 的日变化

5 种施 Zn 浓度对花期骏枣叶片 *Fm* 日变化的影响如图 2-127 所示。由图 2-129 可以看出，各浓度及 CK 总体呈先下降后上升的走势。其中 C 浓度及 CK 的谷值出现在 10：00，且 C 浓度在 14：00～18：00 时有一个下降过程。A、B、D、E 浓度的谷值则出现在 12：00。

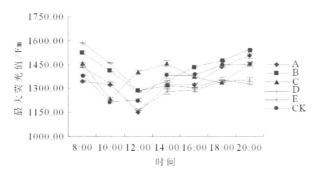

图 2-127　不同施 Zn 浓度对花期骏枣叶片 *Fm* 日变化的影响

③花期不同浓度 Zn 肥处理骏枣叶片 *Fv/Fm* 的日变化

5 种施 Zn 浓度对花期骏枣叶片 *Fv/Fm* 日变化的影响如图 2-128 所示。可以看出，C 浓度表现出降-升-降-升的走势，谷值分别出现在 10：00 和 18：00；D 浓度表现为降-升-降的走势，谷值和峰值分别出现在 12：00 和 18：00；其余各浓度及 CK 则表现为先下降后上升的走势，谷值均出现在 12：00。

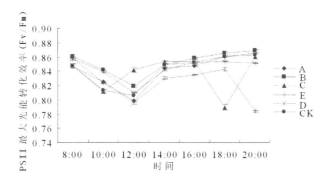

图 2-128　不同施 Zn 浓度对花期骏枣叶片 *Fv/Fm* 日变化的影响

④花期不同浓度 Zn 肥处理骏枣叶片 *Fv/F₀* 的日变化

5 种施 Zn 浓度对花期骏枣叶片 Fv/F_0 日变化的影响如图 2-129 所示。可以看出，与 *Fv/Fm* 的日变化相同，除 C、D 浓度以外，其他浓度及 CK 均呈 "V" 型走势，其中 E 浓度在 18：00～20：00 有一个回落过程。

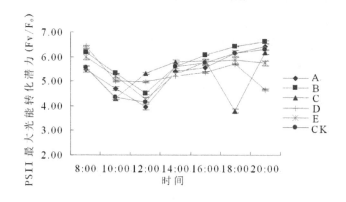

图 2-129　不同施 Zn 浓度对花期骏枣叶片 Fv/F_0 日变化的影响

⑤花期不同浓度 Zn 肥处理骏枣叶片荧光参数的日均值

由表 2-27 可以看出，D 浓度的 F_0 日均值相对较高，E 浓度的值较低。F_0 日均值由高到低的顺序为：D 浓度>C 浓度>A 浓度>B 浓度>E 浓度；Fm、Fv 日均值由高到低的顺序为：B 浓度>C 浓度>D 浓度>A 浓度>E 浓度；F_0 的差异性表现为 D 浓与 B 浓度有极显著差异，其余各浓度及 CK 间均无显著差异；Fm 的差异性表现为 B 浓度与 A、E 浓度有极显著差异，与 CK 有显著差异。其余各浓度及 CK 间均无显著差异；Fv 差异性表现为 B 浓度与 E 浓度有极显著差异，与 A 浓度及 CK 有显著差异，其余各浓度及 CK 间均无显著差异。

表 2-27　不同 Zn 浓度花期骏枣叶片 F_0、Fm、Fv 日均值的比较

处理	叶绿素荧光参数		
	F_0	Fm	Fv
A	212.05±4.12ABbc	1343.38±3.57Bbc	1131.33±5.71ABb
B	211.14±3.62Bbc	1430.85±3.21Aa	1219.71±3.40Aa
C	225.38±3.36ABab	1388.19±3.35ABab	1162.81±3.32ABab
D	235.57±3.07Aa	1376.81±4.11ABab	1141.24±3.14ABb
E	204.86±3.37Bc	1315.24±4.70Bc	1110.38±4.22Bb
CK	213.19±2.79ABbc	1356.52±5.08Abc	1143.33±3.11ABb

注：小写字母表示在 5% 的显著性水平下显著；大写字母表示在 1% 的显著性水平下显著。

由图 2-130 可以看出 B 浓度 Fv/Fm 的日均值较高，D 浓度的较低，由高到低的顺序为：B 浓度>E 浓度>A 浓度>C 浓度>D 浓度，A 浓度与 D 浓度间有极显著差异，其余各浓度间无显著差异。由图 2-131 可以看出，Fv/F_0 的日均值也表现为 B 浓度较高，但各浓度间无显著差异。

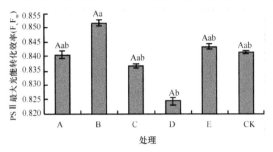

图 2-130 不同施 Zn 浓度花期骏枣叶片 *Fv/Fm* 日均值比较

注：小写字母表示在 5%的显著性水平下显著；大写字母表示在 1%的显著性水平下显著。

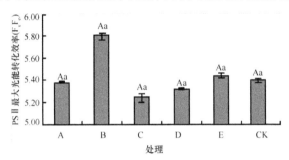

图 2-131 不同施 Zn 浓度花期骏枣叶片 *Fv/F0* 日均值比较

注：小写字母表示在 5%的显著性水平下显著；大写字母表示在 1%的显著性水平下显著。

3）喷施 B 肥对花期骏枣叶片荧光参数的影响

①花期不同浓度 B 肥处理骏枣叶片 F_0 的日变化

喷施 5 种浓度 B 肥对花期骏枣叶片 F_0 日变化的影响如图 2-132 所示。可以看出，B、C、E 浓度及 CK 呈先下降后上升的走势，B、C、E 浓度峰值出现在 10：00，CK 峰值出现在 12：00。A 浓度及 CK 呈升-降-升的走势，峰值分别出现在 16：00 和 20：00。D 浓度呈一条双峰曲线，两个峰值分别出现在 12：00 和 18：00。

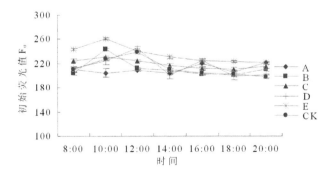

图 2-132 不同浓度 B 肥对花期骏枣叶片 F_0 日变化的影响

②花期不同浓度 B 肥处理骏枣叶片 *Fm* 的日变化

　　喷施 5 种浓度的 B 肥对花期骏枣叶片 *Fm* 日变化的影响如图 2-133 所示。可以看出，A、B 浓度总体呈不断上升走势。其中 A 浓度在 8：00～10：00 和 18：00～20：00 出现了略微下降。C、E 浓度及 CK 呈先下降后上升的走势。E 浓度谷值出现在 12：00 和 18：00。

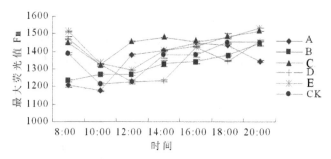

图 2-133　不同浓度 B 肥对花期骏枣叶片 *Fm* 日变化的影响

③花期不同浓度 B 肥处理骏枣叶片 *Fv/Fm* 的日变化

　　喷施 5 种浓度的 B 肥对花期骏枣叶片 *Fv/Fm* 日变化的影响如图 2-134 所示。可以看出，除 A 浓度以外，各浓度及 CK 均表现为先下降后上升的走势。其中 B、C、E 浓度的谷值均出现在 10：00。D 浓度及 CK 的谷值出现在 12：00。

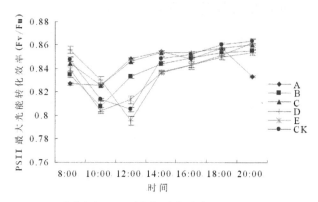

图 2-134　不同浓度 B 肥对花期骏枣叶片 *Fv/Fm* 日变化的影响

④花期不同浓度 B 肥处理骏枣叶片 *Fv/F₀* 的日变化

　　喷施 5 种浓度的 B 肥对花期骏枣叶片 Fv/F_0 日变化的影响如图 2-135 所示。可以看出，与 *Fv/Fm* 的日变化相同，除 A 浓度以外，其他浓度及 CK 均呈 “V” 型走势，其中 A 浓度在 18：00～20：00 有一个回落过程。

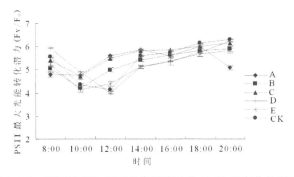

图2-135　不同浓度B肥对花期骏枣叶片 Fv/F_0 日变化的影响

⑤花期不同浓度B肥处理骏枣叶片荧光参数的日均值

由表2-28可以看出，E浓度的 F_0 日均值相对较高，A浓度的值较低，F_0 日均值由高到低的顺序为：E浓度>C浓度>D浓度>B浓度>A浓度；Fm、Fv 日均值由高到低的顺序为：C浓度>E浓度>D浓度>B浓度>A浓度。F_0 的差异性表现为A浓度与B、C、D、E浓度及CK均有极显著差异；C浓度与A、B、E浓度及CK均有极显著差异；A、B浓度及CK无显著差异，C浓度和D浓度有显著差异。Fm 的差异性表现为C浓度与E浓度无显著差异，与A、B、D浓度及CK有极显著差异；E浓度与A、B、D浓度及CK也有极显著差异；A、B、D浓度及CK间无显著差异。Fv 差异性表现为C浓度与E浓度有显著性差异，无极显著差异，与A、B、D浓度及CK有极显著差异；E浓度与A、B、D浓度及CK也有极显著差异；A、B、D浓度及CK间无显著差异。

表2-28　不同浓度B肥对花期骏枣叶片 F_0、Fm、Fv 日均值的比较

处理	叶绿素荧光参数		
	F_0	Fm	Fv
A	210.52±4.02Dd	1341.52±2.97Bb	1131.00±3.51Bc
B	211.52±3.34CDd	1324.38±3.38Bb	1112.86±3.17Bc
C	219.00±3.37Bb	1451.86±3.47Aa	1232.86±3.28Aa
D	215.19±3.15BCc	1354.14±3.11Bb	1138.95±3.14Bc
E	234.62±3.20Aa	1423.90±4.02Aa	1189.29±4.52Ab
CK	213.19±2.71CDcd	1356.52±4.08Bb	1143.33±3.51Bc

注：小写字母表示在5%的显著性水平下显著；大写字母表示在1%的显著性水平下显著。

由图2-136可以看出C浓度 Fv/Fm 的日均值较高，E浓度的较低。由高到低的顺序为：C浓度>A浓度>D浓度>B浓度>E浓度。C浓度与D、E浓度间有极显著差异，E浓度与A、B浓度及CK有显著差异，其余各浓度间无显著差异。由图2-137可以看出，Fv/F_0 的日均值也表现为C浓度较高。C浓度与各浓度间均有极显著差异，E浓度与各浓度间均有显著差异，但无极显著差异，其余各浓度间无显著差异。

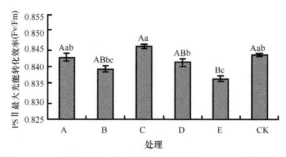

图2-136　不同浓度B肥花期骏枣叶片 *Fv/Fm* 日均值比较

注：小写字母表示在5%的显著性水平下显著；大写字母表示在1%的显著性水平下显著。

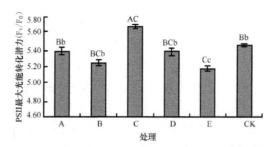

图2-137　不同浓度B肥花期骏枣叶片 *Fv/F$_0$* 日均值比较

注：小写字母表示在5%的显著性水平下显著；大写字母表示在1%的显著性水平下显著。

2. 膨大期喷微量元素对骏枣叶片荧光参数日变化的影响

1）喷施Fe肥对膨大期骏枣叶片荧光参数的影响

①膨大期不同浓度Fe肥处理骏枣叶片 F_0 的日变化

5种施Fe浓度对膨大期骏枣叶片 F_0 日变化的影响如图2-138所示。可以看出，B、C、D、E浓度及CK呈先上升后下降的一条单峰曲线，其中B浓度及CK的峰值分别出现在12：00，C、E、D浓度的峰值出现在14：00，A浓度呈一条双峰曲线，峰值分别出现在12：00和18：00。

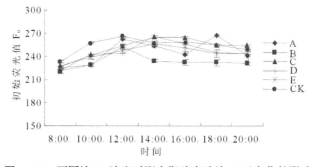

图2-138　不同施Fe浓度对膨大期骏枣叶片 F_0 日变化的影响

②膨大期不同浓度 Fe 肥处理骏枣叶片 *Fm* 的日变化

5 种施 Fe 浓度对膨大期骏枣叶片 *Fm* 日变化的影响如图 2-139 所示。可以看出，除 A 浓度呈先上升后下降的走势以外，其余各浓度总体表现出不断上升的走势，其中 B 浓度和 C 浓度分别在 16：00 和 18：00 出现了下降。

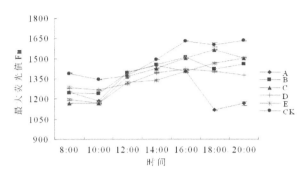

图 2-139　不同施 Fe 浓度对膨大期骏枣叶片 *Fm* 日变化的影响

③膨大期不同浓度 Fe 肥处理骏枣叶片 *Fv/Fm* 的日变化

5 种施 Fe 浓度对膨大期骏枣叶片 *Fv/Fm* 日变化的影响如图 2-140 所示。可以看出，除 A 浓度呈降-升-降-升的走势以外，其余各浓度总体表现出先下降后上升的走势。其中 CK 的谷值出现在 12：00，A 浓度的两个谷值出现在 10：00 和 18：00，其余各浓度的谷值都出现在 10：00。

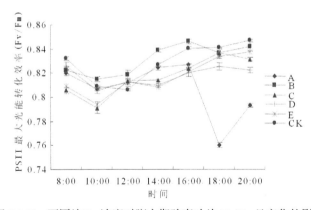

图 2-140　不同施 Fe 浓度对膨大期骏枣叶片 *Fv/Fm* 日变化的影响

④膨大期不同浓度 Fe 肥处理骏枣叶片 *Fv/F₀* 的日变化

5 种施 Fe 浓度对膨大期骏枣叶片 Fv/F_0 日变化的影响如图 2-141 所示。可以看出，与 *Fv/Fm* 的日变化相同，除 A 浓度以外，其他浓度及 CK 均呈 "V" 型走势，其中 B、C、D 浓度在 18：00～20：00 有一个回落过程。

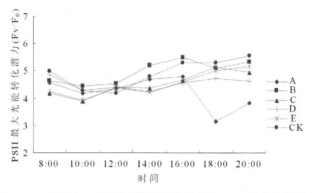

图 2-141　不同施 Fe 浓度对膨大期骏枣叶片 Fv/F_0 日变化的影响

⑤膨大期不同浓度 Fe 肥处理骏枣叶片荧光参数的日均值

由表 2-29 可以看出，C 浓度的 F_0 日均值相对较高，B 浓度的值较低。F_0 日均值由高到低的顺序为：C 浓度>A 浓度>D 浓度>E 浓度>B 浓度；Fm、Fv 日均值由高到低的顺序为：B 浓度>C 浓度>D 浓度>E 浓度>A 浓度；F_0 的差异性表现为 B 浓度与 C 浓度及 CK 间有极显著差异，其余各浓度无显著差异；Fm 的差异性表现为 A 浓度与 B、C 浓度及 CK 有极显著差异，其余各浓度无显著差异；Fv 差异性表现与 Fm 的差异性表现相同。

表 2-29　不同 Fe 浓度膨大期骏枣叶片 F_0、Fm、Fv 日均值的比较

处理	叶绿素荧光参数		
	F_0	Fm	Fv
A	246.00±3.61ABa	1281.81±3.21Cc	1035.81±5.01Cc
B	233.05±3.24Bb	1388.71±5.22Bb	1155.67±3.43Bb
C	251.57±2.48Aa	1386.33±3.47Bb	1134.76±4.37Bb
D	245.52±3.17ABa	1352.05±3.19BCb	1106.52±3.14BCb
E	244.10±3.70ABa	1342.00±4.25BCb	1097.90±4.28BCb
CK	253.90±2.59Aa	1495.52±3.28Aa	1241.62±3.70Aa

注：小写字母表示在 5%的显著性水平下显著；大写字母表示在 1%的显著性水平下显著。

由图 2-142 可以看出 B 浓度 Fv/Fm 的日均值较高，A 浓度的较低。由高到低的顺序为：B 浓度>C 浓度>D 浓度>E 浓度>A 浓度。A 浓度与 B 浓度及 CK 间均有极显著差异，其余各浓度无显著差异。由图 2-143 可以看出 Fv/F_0 的日均值也表现为 B 浓度较高。A 浓度与 B 浓度及 CK 间均有极显著差异，B 浓度与 C、D、E 浓度有显著差异，无极显著差异。CK 与 C、D、E 浓度有显著差异，无极显著差异，C、D、E 浓度无显著差异。

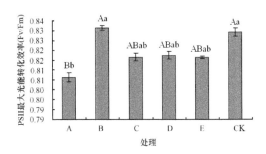

图 2-142　不同施 Fe 浓度膨大期骏枣叶片 Fv/Fm 日均值比较

注：小写字母表示在 5%的显著性水平下显著；大写字母表示在 1%的显著性水平下显著。

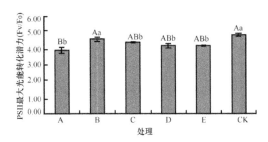

图 2-143　不同施 Fe 浓度膨大期骏枣叶片 Fv/F_0 日均值比较

注：小写字母表示在 5%的显著性水平下显著；大写字母表示在 1%的显著性水平下显著。

2) 喷施 Zn 肥对膨大期骏枣叶片荧光参数的影响

①膨大期不同浓度 Zn 肥处理骏枣叶片 F_0 的日变化

5 种施 Zn 浓度对膨大期骏枣叶片 F_0 日变化的影响如图 2-144 所示。可以看出，D 浓度呈升-降-升-降的双峰曲线，峰值分别出现在 10：00 和 16：00。A、B、C、E 浓度及 CK 呈先上升后下降的走势，A、B、E 浓度峰值均出现在 12：00，C 浓度峰值出现在 14：00，CK 的峰值则出现在 10：00。

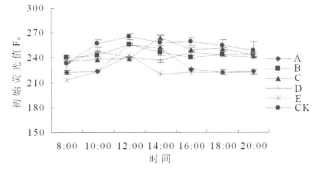

图 2-144　不同施 Zn 浓度对膨大期骏枣叶片 F_0 日变化的影响

②膨大期不同浓度 Zn 肥处理骏枣叶片 *Fm* 的日变化

5 种施 Zn 浓度对膨大期骏枣叶片 *Fm* 日变化的影响如图 2-145 所示。可以看出，各浓度及 CK 总体呈不断上升的走势。其中 A、C、D、E 浓度及 CK 在 8：00～10：00 先有一个下降过程，A、E 浓度在 12：00～14：00 再次出现了下降，C 浓度在 16：00～18：00 也再次出现了下降。

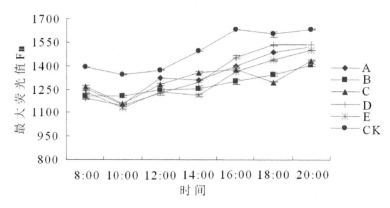

图 2-145 不同施 Zn 浓度对膨大期骏枣叶片 *Fm* 日变化的影响

③膨大期不同浓度 Zn 肥对骏枣叶片 *Fv/Fm* 的日变化

5 种施 Zn 浓度对膨大期骏枣叶片 *Fv/Fm* 日变化的影响如图 2-146 所示。可以看出，C 浓度表现出降-升-降-升-降-升的波浪形走势，其余各浓度均表现为先下降后上升的走势。其中 B 浓度的谷值出现在 12：00，其余各浓度及 CK 则出现在 10：00。

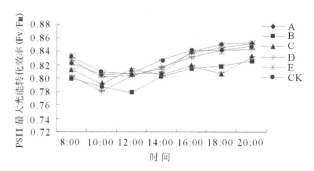

图 2-146　不同施 Zn 浓度对膨大期骏枣叶片 *Fv/Fm* 日变化的影响

④膨大期不同浓度 Zn 肥处理骏枣叶片 *Fv/F0* 的日变化

5 种施 Zn 浓度对膨大期骏枣叶片 *Fv/F0* 日变化的影响如图 2-147 所示。可以看出，除 B、C 浓度以外，其他浓度及 CK 均呈 "V" 型走势，其中 CK 的谷值出现在 12：00，其余各浓度的谷值均出现在 10：00。

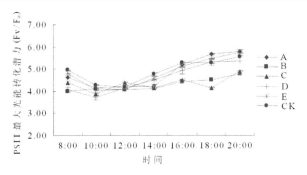

图 2-147　不同施 Zn 浓度对膨大期骏枣叶片 Fv/F_0 日变化的影响

⑤膨大期不同浓度 Zn 肥处理骏枣叶片荧光参数的日均值

由表 2-30 可以看出，C 浓度的 F_0 日均值相对较高，E 浓度的值较低。F_0 日均值由高到低的顺序为：C 浓度>B 浓度>D 浓度>A 浓度>E 浓度；Fm 日均值由高到低的顺序为：A 浓度>D 浓度>C 浓度>E 浓度>B 浓度；Fv 日均值由高到低的顺序为：A 浓度>D 浓度>E 浓度>C 浓度>B 浓度；F_0 的差异性表现为 E 浓度与 CK 有极显著差异，A 浓度与 CK 有显著差异，无极显著差异，其他各浓度均无显著差异。Fm 的差异性表现为 CK 与各浓度有极显著差异，各浓度间均无显著差异。Fv 差异性表现为 CK 与 B、C、D、E 浓度有极显著差异，与 A 浓度无显著差异，各浓度间均无显著差异。

表 2-30　不同 Zn 浓度膨大期骏枣叶片 F_0、Fm、Fv 日均值的比较

处理	叶绿素荧光参数		
	F_0	Fm	Fv
A	232.24±3.15ABbc	1349.05±3.24Bb	1116.80±5.22ABa
B	245.10±3.44ABab	1280.38±4.21Bb	1035.29±3.38Ba
C	246.05±4.31ABab	1310.33±3.77Bb	1064.29±3.57Ba
D	241.38±4.21ABab	1339.76±3.11Bb	1098.38±4.11Ba
E	223.95±3.22Bc	1302.90±3.10Bb	1078.95±3.24Ba
CK	253.10±3.19Aa	1495.52±4.08Aa	1241.62±4.11Aa

注：小写字母表示在 5%的显著性水平下显著；大写字母表示在 1%的显著性水平下显著。

由图 2-148 可以看出 A 浓度 Fv/Fm 的日均值较高，B 浓度的较低。由高到低的顺序为：A 浓度>E 浓度>D 浓度>C 浓度>B 浓度。各浓度间均无显著差异。由图 2-149 可以看出 Fv/F_0 的日均值也表现为 A 浓度较高。但各浓度间无显著差异。

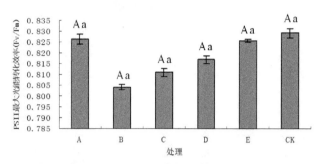

图 2-148　不同施 Zn 浓度膨大期骏枣叶片 *Fv/Fm* 日均值比较

注：小写字母表示在 5%的显著性水平下显著；大写字母表示在 1%的显著性水平下显著。

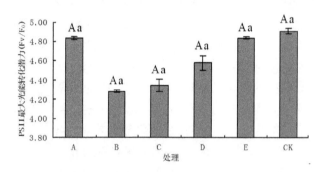

图 2-149　不同施 Zn 浓度膨大期骏枣叶片 *Fv/F_0* 日均值比较

注：小写字母表示在 5%的显著性水平下显著；大写字母表示在 1%的显著性水平下显著。

3）喷施 B 肥对膨大期骏枣叶片荧光参数的影响

①膨大期不同浓度 B 肥处理骏枣叶片 F_0 的日变化

喷施 5 种浓度的 B 肥对膨大期骏枣叶片 F_0 日变化的影响如图 2-150 所示。可以看出，A、B 浓度呈降-升-降-升的双峰曲线，峰值分别出现在 12：00 和 18：00。C、D、E 浓度及 CK 则表现出先上升后下降的走势，峰值均出现在 12：00。

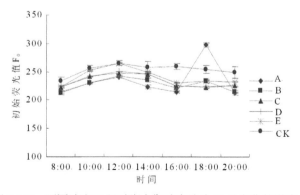

图 2-150　不同浓度 B 肥对膨大期骏枣叶片 F_0 日变化的影响

②膨大期不同浓度 B 肥处理骏枣叶片 Fm 的日变化

喷施 5 种浓度的 B 肥对膨大期骏枣叶片 *Fm* 日变化的影响如图 2-151 所示。可以看出，B 浓度和 D 浓度呈升-降-升的走势。其他各浓度总体呈不断上升走势。

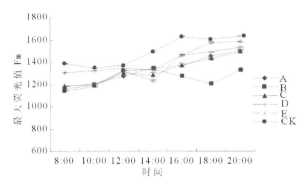

图 2-151　不同浓度 B 肥对膨大期骏枣叶片 *Fm* 日变化的影响

③膨大期不同浓度 B 肥处理骏枣叶片 *Fv/Fm* 的日变化

喷施 5 种浓度的 B 肥对膨大期骏枣叶片 *Fv/Fm* 日变化的影响如图 2-152 所示。可以看出，A、B、C、D 浓度呈降-升-降-升的走势，A、B 浓度的的两个谷值都出现在 10：00 和 18：00，C、D 浓度两个谷值均出现在 10：00 和 14：00。E 浓度和 CK 则表现为先下降后上升的走势，且谷值均出现在 12：00。

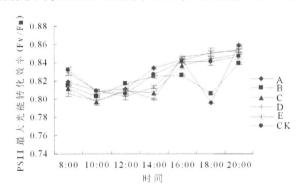

图 2-152　不同浓度 B 肥对膨大期骏枣叶片 *Fv/Fm* 日变化的影响

④膨大期不同浓度 B 肥处理骏枣叶片 *Fv/F$_0$* 的日变化

喷施 5 种浓度的 B 肥对膨大期骏枣叶片 *Fv/F$_0$* 日变化的影响如图 2-153 所示。可以看出，与 *Fv/Fm* 的日变化相同，除 A、B、C、D 浓度以外，E 浓度及 CK 均呈"V"型走势，其中 A 浓度和 B 浓度在 18：00～20：00 出现了骤然上升。

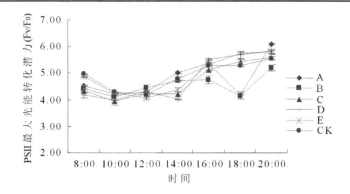

图 2-153　不同浓度 B 肥对膨大期骏枣叶片 Fv/F_0 日变化的影响

⑤膨大期不同浓度 B 肥处理骏枣叶片荧光参数的日均值

由表 2-31 可以看出，E 浓度的 F_0 日均值相对较高，B 浓度的值较低。F_0日均值由高到低的顺序为：E 浓度>D 浓度>C 浓度>A 浓度>B 浓度；Fm、Fv日均值由高到低的顺序为：E 浓度>D 浓度>A 浓度>C 浓度>B 浓度；F_0 的差异性表现为 CK 与 A、B、C、D 浓度均有极显著差异，与 E 浓度无显著差异；A、B、C、D、E 浓度间均无显著差异。Fm 的差异性表现为 B 浓度与各浓度及 CK 间有极显著差异；E 浓度与各浓度及 CK 间有极显著差异；CK 与各浓度也有极显著差异；A 浓度和 C、D 浓度间无显著差异，C 浓度和 D 浓度间有显著差异，无极显著差异。Fv 差异性表现为 B 浓度与各浓度及 CK 间有极显著差异；E 浓度与各浓度及 CK 间有极显著差异；CK 与各浓度也有极显著差异，A、C、D 浓度间无显著差异。

表 2-31　不同 B 浓度膨大期骏枣叶片 F_0、Fm、Fv 日均值的比较

处理	叶绿素荧光参数		
	F_0	Fm	Fv
A	233.29±4.02Bbc	1333.95±2.97Ccd	1100.67±3.51Cc
B	227.43±3.34Bc	1257.38±3.38De	1029.95±3.17Dd
C	233.33±3.37Bbc	1323.24±3.47Cd	1089.90±3.28Cc
D	233.71±3.15Bbc	1343.57±3.11Cc	1109.86±3.14Cc
E	241.10±3.20ABb	1418.48±4.02Bb	1177.38±4.52Bb
CK	253.90±2.71Aa	1495.52±4.08Aa	1241.62±3.51Aa

注：小写字母表示在 5% 的显著性水平下显著；大写字母表示在 1% 的显著性水平下显著。

由图 2-154 可以看出 A 浓度 Fv/Fm 的日均值较高，B 浓度的较低。由高到低的顺序为：A 浓度>E 浓度>D 浓度>C 浓度>B 浓度。B 浓度与 CK 间有显著性差异，其他各浓度间无显著差异。由图 2-155 可以看出，Fv/F_0 的日均值也表现为 A 浓度较高。B 浓度与 A、E 浓度及 CK 间均有极显著差异，其余各浓度间无显著差异。

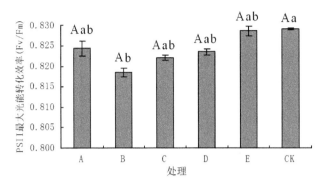

图 2-154　不同浓度 B 肥膨大期骏枣叶片 *Fv/Fm* 日均值比较

注：小写字母表示在 5% 的显著性水平下显著；大写字母表示在 1% 的显著性水平下显著。

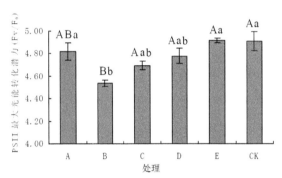

图 2-155　不同浓度 B 肥膨大期骏枣叶片 *Fv/F₀* 日均值比较

注：小写字母表示在 5% 的显著性水平下显著；大写字母表示在 1% 的显著性水平下显著。

3. 成熟期喷微量元素对骏枣叶片荧光参数日变化的影响

1）喷施 Fe 肥对成熟期骏枣叶片荧光参数的影响

①成熟期不同浓度 Fe 肥处理骏枣叶片 F_0 的日变化

5 种施 Fe 浓度对成熟期骏枣叶片 F_0 日变化的影响如图 2-156 所示。可以看出，CK 呈升-降-升-降的走势，两个峰值分别出现在 10：00 和 18：00。其他各浓度则总体呈先上升后下降的走势。其中 A 浓度在 8：00～10：00 有一个下降过程，C 浓度在 10：00～12：00 有一个下降过程。A 浓度的峰值出现在 16：00，B、D 浓度的峰值出现在 10：00，C、E 浓度的峰值出现在 12：00。

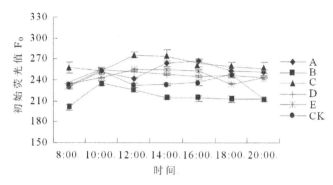

图 2-156　不同施 Fe 浓度对成熟期骏枣叶片 F_0 日变化的影响

②成熟期不同浓度 Fe 肥处理骏枣叶片 Fm 的日变化

5 种施 Fe 浓度对成熟期骏枣叶片 Fm 日变化的影响如图 2-157 所示。可以看出，A 浓度呈升-降-升的走势，峰值和谷值分别出现在 12：00 和 14：00。B 浓度呈不断上升的走势，C 浓度呈降-升-降的走势，D 浓度表现为先上升后下降的走势，峰值出现在 14：00，E 浓度及 CK 呈先下降后上升的走势，其峰值分别出现在 10：00 时和 18：00。

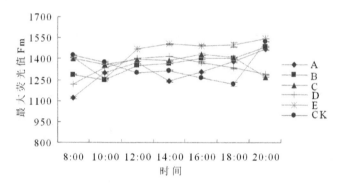

图 2-157　不同施 Fe 浓度对成熟期骏枣叶片 Fm 日变化的影响

③成熟期不同浓度 Fe 肥处理骏枣叶片 Fv/Fm 的日变化

5 种施 Fe 浓度对成熟期骏枣叶片 Fv/Fm 日变化的影响如图 2-158 所示。可以看出，A 浓度呈升-降-升-降的走势。B、C、E 浓度及 CK 呈先下降后上升的走势，其中 B、E 浓度的谷值出现在 10：00，C 浓度的谷值出现在 14：00，CK 的谷值出现在 18：00。D 浓度则表现出先上升后下降的走势，峰值出现在14：00。

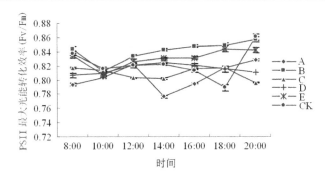

图 2-158　不同施 Fe 浓度对成熟期骏枣叶片 Fv/Fm 日变化的影响

④成熟期不同浓度 Fe 肥处理骏枣叶片 Fv/F_0 的日变化

5 种施 Fe 浓度对成熟期骏枣叶片 Fv/F_0 日变化的影响如图 2-159 所示。可以看出，与 Fv/Fm 的日变化相同，除 A、D 浓度以外，其他浓度及 CK 均呈"V"型走势。

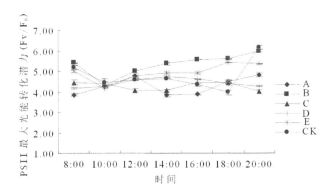

图 2-159　不同施 Fe 浓度对成熟期骏枣叶片 Fv/F_0 日变化的影响

⑤成熟期不同浓度 Fe 肥处理骏枣叶片荧光参数的日均值

由表 2-32 可以看出，C 浓度的 F_0 日均值相对较高，B 浓度的值较低。F_0 日均值由高到低的顺序为：C 浓度>A 浓度>D 浓度>E 浓度>B 浓度；Fm 日均值由高到低的顺序为：C 浓度>B 浓度>D 浓度>E 浓度>A 浓度；Fv 日均值由高到低的顺序为：E 浓度>B 浓度>C 浓度>D 浓度>A 浓度；F_0 的差异性表现为 B 浓度与 A、C、D、E 浓度有极显著差异；C 浓度与 B 浓度及 CK 有极显著差异，其余各浓度间均无显著差异。Fm 的差异性表现为 A 浓度与 C 浓度有显著差异，其他各浓度间无显著差异。Fv 差异性表现为 A 浓度与 B 浓度有显著差异，E 浓度与 A、D 浓度有极显著差异，其余各浓度间均无显著差异。

表 2-32　不同 Fe 浓度成熟期骏枣叶片 F_0、Fm、Fv 日均值的比较

处理	叶绿素荧光参数		
	F_0	Fm	Fv
A	251.43±3.35ABab	1310.62±3.79Ab	1059.19±5.42Bc
B	216.57±3.447Cd	1362.95±5.23Aab	1146.38±3.33ABab
C	262.90±2.93Aa	1379.90±3.48Aa	1117.00±4.11ABbc
D	246.33±3.58ABbc	1338.13±3.21Aab	1091.76±3.25Bbc
E	245.10±3.22ABbc	1338.10±3.55^{A}ab	1208.95±4.78Aa
CK	235.10±2.76BCc	1344.76±3.45Aab	1109.67±3.01ABbc

注：小写字母表示在 5%的显著性水平下显著；大写字母表示在 1%的显著性水平下显著。

　　由图 2-160 可以看出 B 浓度 Fv/Fm 的日均值较高，A 浓度的较低。由高到低的顺序为：B 浓度>E 浓度>A 浓度>D 浓度>C 浓度。B 浓度与 A 浓度有极显著差异，与 C、D 浓度有显著差异。由图 2-161 可以看出 Fv/F_0 的日均值也表现为 B 浓度较高，B 浓度与 C 浓度有极显著差异，C 浓度与 E 浓度有显著差异；其他各浓度间均无显著差异。

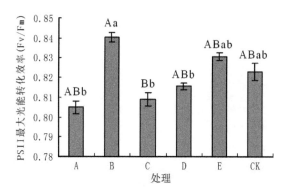

图 2-160　不同施 Fe 浓度成熟期骏枣叶片 Fv/Fm 日均值比较

注：小写字母表示在 5%的显著性水平下显著；大写字母表示在 1%的显著性水平下显著。

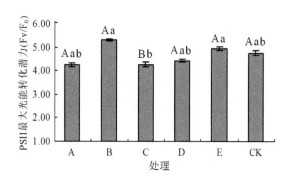

图 2-161　不同施 Fe 浓度成熟期骏枣叶片 Fv/F_0 日均值比较

注：小写字母表示在 5%的显著性水平下显著；大写字母表示在 1%的显著性水平下显著。

2）喷施 Zn 肥对成熟期骏枣叶片荧光参数的影响

①成熟期不同浓度 Zn 肥处理骏枣叶片 F_0 的日变化

5 种施 Zn 浓度对成熟期骏枣叶片 F_0 日变化的影响如图 2-162 所示。可以看出，A、B、C、D 浓度呈先上升后下降走势，B 浓度峰值出现在 14：00，A、B、C 浓度峰值出现在 12：00。E 浓度及 CK 呈一条升-降-升-降的双峰曲线，E 浓度峰值分别出现在 12：00 和 14：00，CK 的峰值分别出现在 10：00 和 18：00。

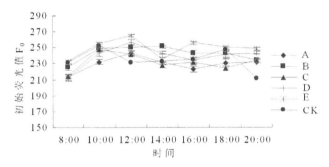

图 2-162　不同施 Zn 浓度对成熟期骏枣叶片 F_0 日变化的影响

②成熟期不同浓度 Zn 肥处理骏枣叶片 Fm 的日变化

5 种施 Zn 浓度对成熟期骏枣叶片 Fm 日变化的影响如图 2-163 所示。可以看出，各浓度及 CK 总体呈不断上升的走势，其中 A、B 浓度在 8：00～10：00 先有一个下降过程，C 浓度在 10：00～14：00 有一个下降过程，E 浓度在 10：00～12：00、14：00～12：00 和 14：00～16：00 分别有一次下降，CK 则在 8：00～12：00 有一个下降过程。

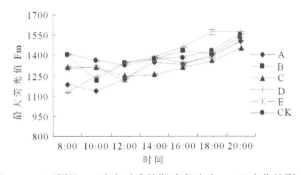

图 2-163　不同施 Zn 浓度对成熟期骏枣叶片 Fm 日变化的影响

③成熟期不同浓度 Zn 肥处理骏枣叶片 Fv/Fm 的日变化

5 种施 Zn 浓度对成熟期骏枣叶片 Fv/Fm 日变化的影响如图 2-164 所示。可以看出，各浓度及 CK 均表现出先下降后上升的走势，A、B、D 浓度的谷值出现在 10：00，C、E 浓度的谷值出现在 12：00，CK 则出现在 18：00。

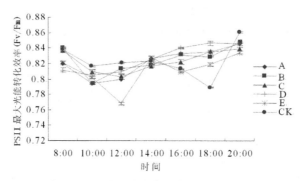

图 2-164　不同施 Zn 浓度对成熟期骏枣叶片 Fv/Fm 日变化的影响

④成熟期不同浓度 Zn 肥处理骏枣叶片 Fv/F_0 的日变化

5 种施 Zn 浓度对成熟期骏枣叶片 Fv/F_0 日变化的影响如图 2-165 所示。可以看出，各浓度及 CK 均呈 "V" 型走势，其中 E 浓度 14：00～16：00 有一个下降过程。

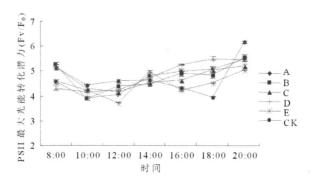

图 2-165　不同施 Zn 浓度对成熟期骏枣叶片 Fv/F_0 日变化的影响

⑤成熟期不同浓度 Zn 肥处理骏枣叶片荧光参数日均值的影响

由表 2-33 可以看出，E 浓度的 F_0 日均值相对较高，A 浓度的值较低。F_0 日均值由高到低的顺序为：E 浓度>B 浓度>D 浓度>C 浓度>A 浓度；Fm 日均值由高到低的顺序为：B 浓度>D 浓度>E 浓度>C 浓度>A 浓度；Fv 日均值由高到低的顺序为：D 浓度>B 浓度>E 浓度>C 浓度>A 浓度；F_0 的差异性表现为 E 浓度与 B、C 浓度有极显著差异，其他各浓度均无显著差异；Fm 的差异性表现各浓度均无显著差异；Fv 差异性也表现为各浓度均无显著差异。

表 2-33　不同 Zn 浓度成熟期骏枣叶片 F_0、Fm、Fv 日均值的比较

处理	叶绿素荧光参数		
	F_0	Fm	Fv
A	229.33±3.45Bc	1305.33±3.17Aa	1076.00±3.26Aa
B	242.05±3.47ABab	1389.00±4.13Aa	1146.95±3.48Aa
C	231.81±4.27Bbc	1319.71±3.57Aa	1087.90±3.23Aa
D	238.95±4.81ABabc	1387.05±3.27Aa	1148.10±4.11Aa
E	249.38±3.37Aa	1349.19±3.34Aa	1099.81±4.24Aa
CK	235.10±3.10ABbc	1405.95±3.08Aa	1109.67±4.54Aa

注：小写字母表示在 5%的显著性水平下显著；大写字母表示在 1%的显著性水平下显著。

由图 2-166 可以看出 D 浓度 Fv/Fm 的日均值较高，E 浓度的较低。由高到低的顺序为：D 浓度>B 浓度>C 浓度>A 浓度>E 浓度。各浓度间均无显著差异。由图 2-167 可以看出 Fv/F_0 的日均值也表现为 D 浓度较高，但各浓度间无显著差异。

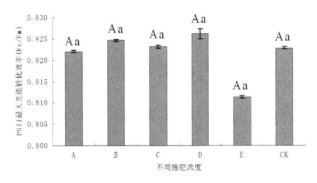

图 2-166　不同施 Zn 浓度成熟期骏枣叶片 Fv/Fm 日均值比较

注：小写字母表示在 5%的显著性水平下显著；大写字母表示在 1%的显著性水平下显著。

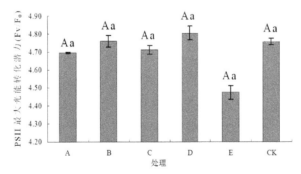

图 2-167　不同施 Zn 浓度成熟期骏枣叶片 Fv/F_0 日均值比较

注：小写字母表示在 5%的显著性水平下显著；大写字母表示在 1%的显著性水平下显著。

3）喷施 B 肥对成熟期骏枣叶片荧光参数的影响

①成熟期不同浓度 B 肥处理骏枣叶片 F_0 的日变化

喷施 5 种浓度的 B 肥对成熟期骏枣叶片 F_0 日变化的影响如图 2-168 所示。可

以看出，A、C、D浓度呈先上升后下降的走势，A、D浓度的峰值出现在10：00，C浓度的峰值出现在12：00。B浓度及CK呈降-升-降-升的双峰曲线，D浓度的峰值分别出现在12：00和18：00，CK的峰值分别出现在10：00和18：00。E浓度则表现出降-升-降-升的走势。

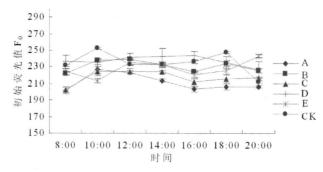

图2-168　不同浓度B肥对成熟期骏枣叶片F_0日变化的影响

②成熟期不同浓度B肥处理骏枣叶片Fm的日变化

喷施5种浓度的B肥对成熟期骏枣叶片Fm日变化的影响如图2-169所示。可以看出，A、C、D浓度表现出不断上升的走势，B、E浓度及CK则呈先下降后上升的走势。B、E浓度谷值出现在10：00，CK的谷值出现在18：00。

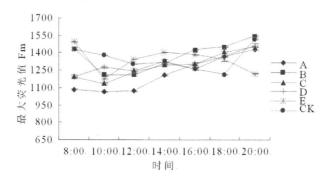

图2-169　不同浓度B肥对成熟期骏枣叶片Fm日变化的影响

③成熟期不同浓度B肥处理骏枣叶片Fv/Fm的日变化

喷施5种浓度的B肥对成熟期骏枣叶片Fv/Fm日变化的影响如图2-170所示。可以看出，除D浓度呈升-降-升-降-升的走势以外，其他浓度及CK均表现为先下降后上升的走势，其中CK的谷值出现在18：00，B浓度谷值出现在12：00，A、C、E浓度谷值均出现在10：00。

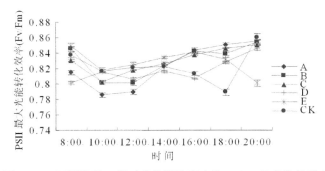

图 2-170　不同浓度 B 肥对成熟期骏枣叶片 Fv/Fm 日变化的影响

④成熟期不同浓度 B 肥处理骏枣叶片 Fv/F_0 的日变化

喷施 5 种浓度的 B 肥对成熟期骏枣叶片 Fv/F_0 日变化的影响如图 2-171 所示。可以看出，与 Fv/Fm 的日变化相同，除 D 浓度以外，其余各浓度及 CK 均呈"V"型走势，其中 E 浓度在 18：00～20：00 出现了回落。

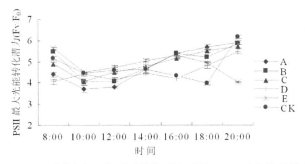

图 2-171　不同浓度 B 肥对成熟期骏枣叶片 Fv/F_0 日变化的影响

⑤成熟期不同浓度 B 肥处理骏枣叶片荧光参数的日均值

由表 2-34 可以看出，D 浓度的 F_0 日均值相对较高，A 浓度的值较低。F_0 日均值由高到低的顺序为：D 浓度>B 浓度>E 浓度>C 浓度>A 浓度；Fm 日均值由高到低的顺序为：B 浓度>E 浓度>D 浓度>C 浓度>A 浓度；Fv 日均值由高到低的顺序为：B 浓度>E 浓度>C 浓度>D 浓度>A 浓度。F_0 的差异性表现为 A 浓度与各浓度及 CK 均有极显著差异；B 浓度与 A、C、D 浓度及 CK 间有极显著差异；C 浓度与各浓度及 CK 也均有极显著差异；D 浓度与 CK 无显著差异，与其余各浓度均有极显著差异；E 浓度与 A、C、D 浓度及 CK 间有极显著差异。Fm 的差异性表现为 A 浓度与各浓度及 CK 间有显著差异，无极显著差异；B 浓度与 A、C、D 浓度有极显著差异；D 浓度与 E 浓度及 CK 间有显著差异，其余各浓度间均无显著差异。Fv 差异性表现为 A 浓度与各浓度及 CK 间有显著差异；B 浓度与 A、C、D 浓度有极显著差异，其余各浓度间无显著差异。

表 2-34　不同 B 浓度成熟期骏枣叶片 F_0、Fm、Fv 日均值的比较

处理	叶绿素荧光参数		
	F_0	Fm	Fv
A	211.43±4.14De	1218.05±2.32Cd	1006.62±3.63Cc
B	230.86±3.39Bb	1369.81±3.48Aa	1138.95±3.15Aa
C	217.10±3.52Cd	1288.19±3.37Bc	1071.10±3.26Bb
D	237.43±3.18Aa	1304.05±3.13Bbc	1066.62±3.37CCb
E	227.90±3.56Bc	1338.38±4.52ABab	1110.48±4.44ABab
CK	235.10±4.27Aa	1344.76±3.78ABab	1109.67±3.56ABab

注：小写字母表示在 5% 的显著性水平下显著；大写字母表示在 1% 的显著性水平下显著。

　　由图 2-172 可以看出 C 浓度 Fv/Fm 的日均值较高，D 浓度的较低。由高到低的顺序为：C 浓度>B 浓度>E 浓度>A 浓度>D 浓度，D 浓度与 B、C 浓度有极显著差异，其他各浓度间无显著差异。由图 2-173 可以看出 Fv/F_0 的日均值也表现为 C 浓度较高，D 浓度与各浓度间均有极显著差异，其余各浓度间无显著差异。

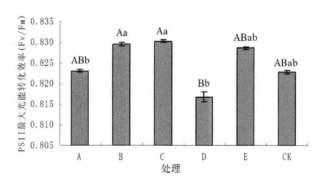

图 2-172　不同浓度 B 肥成熟期骏枣叶片 Fv/Fm 日均值比较

注：小写字母表示在 5% 的显著性水平下显著；大写字母表示在 1% 的显著性水平下显著。

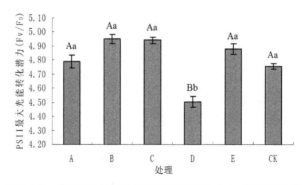

图 2-173　不同浓度 B 肥成熟期骏枣叶片 Fv/F_0 日均值比较

注：小写字母表示在 5% 的显著性水平下显著；大写字母表示在 1% 的显著性水平下显著。

4. 同一施肥浓度不同物候期骏枣叶片叶绿素荧光参数日均值比较

1) 同一施 Fe 浓度不同物候期骏枣叶片叶绿素荧光参数日均值比较

由表 2-35 可以看出，A 浓度的 F_0 日均值由高到低的顺序为成熟期>膨大期>花期；Fm、Fv 日均值由高到低的顺序为花期>成熟期>膨大期；F_0 日均值差异性表现为花期与膨大期、成熟期均有极显著差异，膨大期与成熟期无显著差异；Fm 花期与膨大期有显著差异，膨大期与成熟期无显著差异；Fv 表现为花期与膨大期、成熟期均有显著差异，膨大期与成熟期无显著差异。B 浓度 F_0、Fm、Fv 日均值由高到低的顺序为花期>膨大期>成熟期；F_0、Fm、Fv 差异性均表现为三个时期都有极显著差异。C 浓度 F_0 日均值由高到低的顺序为成熟期>膨大期 >花期；Fm、Fv 日均值由高到低的顺序为花期>膨大期>成熟期；F_0 差异性表现为花期与成熟期有极显著差异，膨大期与成熟期无显著差异；Fm 表现为花期与成熟期有显著差异，膨大期与成熟期无显著差异；Fv 表现为花期与膨大期、成熟期均有极显著差异，膨大期与成熟期无显著差异。D 浓度 F_0 日均值由高到低的顺序为成熟期>膨大期>花期；Fm、Fv 日均值由高到低的顺序为膨大期>成熟期>花期；F_0 差异性表现为花期与膨大期、成熟期均有极显著差异，膨大期与成熟期无显著差异；Fm、Fv 表现为三个时期均无显著差异。E 浓度 F_0 日均值由高到低的顺序为成熟期>膨大期>花期；Fm 日均值由高到低的顺序为花期>膨大期>成熟期；Fv 日均值由高到低的顺序为成熟期>花期>膨大期；F_0 差异性表现为花期与膨大期、成熟期均有极显著差异，膨大期与成熟期无显著差异；Fm 表现为三个时期均无显著差异；Fv 表现为成熟期与花期、膨大期均有极显著差异，花期与膨大期无显著差异。

表 2-35　同一施 Fe 浓度不同物候期骏枣叶片 F_0、Fm、Fv 日均值的比较

处理	A			B		
	F_0	Fm	Fv	F_0	Fm	Fv
花期	203.86±3.15Bb	1367.14±4.21Aa	1163.29±3.17Aa	248.14±2.59Aa	1569.67±3.48Aa	1321.52±4.74Aa
膨大期	246.00±2.54Aa	1281.81±2.87Ab	1035.81±4.26Ab	233.04±2.23Bb	1388.72±4.63Bb	1155.67±3.34Bb
成熟期	251.43±3.03Aa	1310.62±4.21Aa[b]	1059.19±3.43Ab	216.57±2.33Cc	1362.95±5.03Cc	1146.38±5.24Cc

处理	C			D		
	F_0	Fm	Fv	F_0	Fm	Fv
花期	232.24±2.32Bb	1430.57±3.12Aa	1198.33±3.51Aa	220.05±2.85Bb	1301.19±3.44A[a]	1081.14±3.47A[a]
膨大期	251.57±3.31AB[a]	1386.33±3.31Aab	1134.76±4.25Ab	245.52±3.62Aa	1352.05±2.72Aa	1106.52±5.03Aa
成熟期	262.90±3.50Aa	1379.90±3.27Ab	1117.00±4.03Ab	246.33±2.58Aa	1338.10±3.57Aa	1091.76±4.36Aa

处理	E			CK		
	F_0	Fm	Fv	F_0	Fm	Fv
花期	227.00±3.10Bb	1357.81±4.12Aa	1130.81±3.11Ab	213.19±3.25Cc	1356.52±3.73Bb	1143.33±3.11Bb
膨大期	244.10±2.45Aa	1342.00±3.66Aa	1097.90±3.71Ab	253.90±2.81Aa	1495.52±3.11Aa	1241.62±2.77Aa
成熟期	245.10±2.35Aa	1338.10±3.24Aa	1208.95±4.24Aa	235.10±3.56Bb	1344.76±3.46Bb	1109.67±4.25Bb

注：小写字母表示在5%的显著性水平下显著；大写字母表示在1%的显著性水平下显著。

由图2-174可以看出，Fv/Fm日均值在花期表现为A浓度较高，在膨大期和成熟期则表现为B浓度较高；Fv/Fm差异性表现为A浓度花期与膨大期、成熟期有极显著差异，膨大期与成熟期无显著差异；B浓度膨大期与花期、成熟期有显著差异，花期与成熟期无显著差异；C浓度表现为三个时期均有显著差异；D浓度差异性与A浓度表现相同；E浓度与B浓度差异性表现相同。由图2-175可以看现出，Fv/F_0日均值各时期的最高值与Fv/Fm日均值表现相同，差异性也与Fv/Fm表现相同。

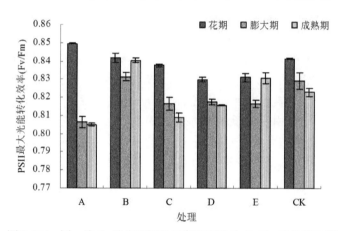

图2-174　同一施Fe浓度不同物候期骏枣叶片Fv/Fm日均值比较

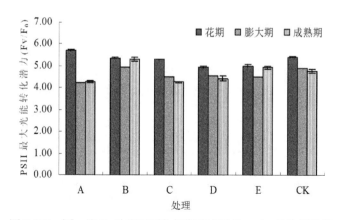

图2-175　同一施Fe浓度不同物候期骏枣叶片Fv/F_0日均值比较

2) 同一施 Zn 浓度不同物候期骏枣叶片叶绿素荧光参数日均值比较

由表 2-36 可以看出,A 浓度的 F_0 日均值由高到低的顺序为膨大期>成熟期>花期;Fm 日均值由高到低的顺序为膨大期>花期>成熟期;Fv 日均值由高到低的顺序为花期>膨大期>成熟期;F_0 日均值差异性表现为三个时期均有极显著差异;Fm、Fv 三个时期均无显著差异。B 浓度 F_0 日均值由高到低的顺序为膨大期>成熟期>花期;Fm、Fv 日均值由高到低的顺序为花期>成熟期>膨大期;F_0 差异性表现为花期与膨大期、成熟期均有极显著差异,膨大期与成熟期无显著差异;Fm 表现为膨大期与花期、成熟期均有显著差异,花期与成熟期无显著差异;Fv 表现为花期与膨大期有显著差异,与成熟期无显著差异,膨大期与成熟期无显著差异。C 浓度 F_0 日均值由高到低的顺序为膨大期>成熟期>花期;Fm、Fv 日均值由高到低的顺序为花期>成熟期>膨大期;F_0 差异性表现为花期与膨大期有极显著差异,与成熟期无显著差异,膨大期与成熟期有显著差异;Fm 表现为三个时期均无显著差异;Fv 表现为花期与膨大期有显著差异,与成熟期无显著差异,膨大期与成熟期无显著差异。D 浓度 F_0 日均值由高到低的顺序为膨大期>成熟期>花期;Fm、Fv 日均值由高到低的顺序为成熟期>花期>膨大期;F_0、Fm、Fv 差异性表现为三个时期均无显著差异。E 浓度 F_0 日均值由高到低的顺序为成熟期>膨大期>花期;Fm 日均值由高到低的顺序为成熟期>花期>膨大期。Fv 日均值由高到低的顺序为花期>成熟期>膨大期;F_0 差异性表现为花期与成熟期有极显著差异,三个时期均有显著差异;Fm、Fv 表现为三个时期均无显著差异。

表 2-36 同一施 Zn 浓度不同物候期骏枣叶片 F_0、Fm、Fv 日均值的比较

处理	A			B		
	F_0	Fm	Fv	F_0	Fm	Fv
花期	212.05±3.61Cc	1343.38±4.05Aa	1131.33±3.27Aa	211.14±3.09Bb	1430.86±3.72Aa	1219.71±3.34Aa
膨大期	232.24±4.17Aa	1349.05±3.37Aa	1116.81±4.23Aa	245.10±2.47Aa	1280.38±4.20Ab	1035.29±2.74Ab
成熟期	229.33±3.81Bb	1305.33±4.52Aa	1076.00±3.33Aa	242.05±3.13Aa	1389.00±4.57Aa	1146.95±5.04Aab

处理	C			D		
	F_0	Fm	Fv	F_0	Fm	Fv
花期	225.38±4.02Bb	1388.19±3.55Aa	1162.81±3.11Aa	235.57±3.35Aa	1376.81±3.34Aa	1141.24±4.27Aa
膨大期	246.05±3.51Aa	1310.33±3.61Aa	1064.29±2.25Ab	241.38±2.65Aa	1339.76±4.52Aa	1098.38±5.25Aa
成熟期	231.81±3.70ABb	1319.71±3.23Aa	1087.90±4.83Aab	238.95±3.24Aa	1387.05±3.44Aa	1148.10±3.31Aa

处理	E			CK		
	F_0	Fm	Fv	F_0	Fm	Fv
花期	204.86±4.20Bc	1315.24±4.21Aa	1110.38±4.17Aa	213.19±3.25Cc	1356.52±3.73Bb	1143.33±3.11Bb
膨大期	223.95±2.78ABb	1302.90±3.86Aa	1078.95±3.21Aa	253.90±2.81Aa	1495.52±3.11Aa	1241.62±2.77Aa
成熟期	249.38±3.34Aa	1349.19±4.27Aa	1099.81±4.26Aa	235.10±3.56Bb	1344.76±3.46Bb	1109.67±4.25Bb

注:小写字母表示在 5%的显著性水平下显著;大写字母表示在 1%的显著性水平下显著。

　　由图 2-176 可以看出，*Fv/Fm* 日均值在花期表现为 B 浓度较高，在膨大期和成熟期则表现为 A 浓度较高，*Fv/Fm* 差异性表现为 D 浓度膨大期与花期、成熟期有显著差异，花期与成熟期无显著差异，其余各浓度表现为三个时期均有显著差异。由图 2-177 可以看现出，*Fv/F0* 日均值各时期的最高值与 *Fv/Fm* 日均值表现相同，差异性表现各浓度三个时期均有显著差异。

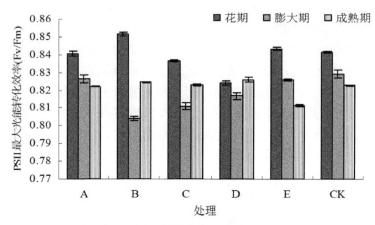

图 2-176　同一施 Zn 浓度不同物候期骏枣叶片 *Fv/Fm* 日均值比较

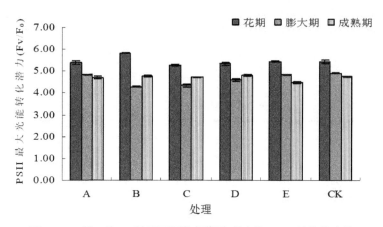

图 2-177　同一施 Zn 浓度不同物候期骏枣叶片 *Fv/F0* 日均值比较

3）同一施 B 浓度不同物候期骏枣叶片叶绿素荧光参数日均值比较

　　由表 2-37 可以看出，A 浓度的 *F0* 日均值由高到低的顺序为膨大期>成熟期>花期；*Fm*、*Fv* 日均值由高到低的顺序为花期>膨大期>成熟期；*F0* 日均值差异性表现为膨大期与花期、成熟期均有显著差异，花期与成熟期无显著差异；*Fm*、*Fv* 表现为成熟期与花期、膨大期均有极显著差异，花期与膨大期无显著差异。B 浓度 *F0* 日均值由高到低的顺序为成熟期>膨大期>花期；*Fm*、*Fv* 日均值由高到低的顺序为成熟期>花期>膨大期；F_0差异性表现为花期与膨大期、成熟期均有极显著差异，膨大期与成熟期有显著差异；Fm 表现为膨大期与花期、成熟期均有极显著差异，花期与成熟期有显著差异；Fv 表现为膨大期与花期、成熟期均有极显著差异，花期与成熟期无显著差异。C 浓度 F_0 日均值由高到低的顺序为膨大期>花期>成熟期；Fm、Fv 日均值由高到低的顺序为花期>膨大期>成熟期；F_0 差异性表现为膨大期与花期、成熟期均有极显著差异，花期与成熟期无显著差异；Fm 表现为三个时期均有极显著差异；Fv 表现为花期与膨大期、成熟期均有极显著差异，膨大期与成熟期无显著差异。D 浓度 F_0 日均值由高到低的顺序为成熟期>膨大期>花期；Fm、Fv 日均值由高到低的顺序为花期>膨大期>成熟期；F_0 差异性表现为三个时期均有极显著差异；Fm、Fv 表现为花期与膨大期无显著差异，与成熟期有显著差异，膨大期与成熟期无显著差异。E 浓度 F_0 日均值由高到低的顺序为膨大期>花期>成熟期；Fm、Fv 日均值由高到低的顺序为花期>膨大期>成熟期；F_0 差异性表现为三个时期均有极显著差异；Fm、Fv 表现为成熟期与花期、膨大期均有极显著差异，花期与膨大期无显著差异。

表 2-37　同一施 B 浓度不同物候期骏枣叶片 F_0、Fm、Fv 日均值的比较

处理	A			B		
	F_0	Fm	Fv	F_0	Fm	Fv
花期	210.52±3.41Ab	1341.52±2.75Aa	1131.00±3.42Aa	211.53±3.24Bc	1324.38±2.72Ba	1112.86±3.37Aa
膨大期	233.29±3.12Aa	1333.95±3.53Aa	1100.67±4.53Aa	227.43±3.27Ab	1257.38±4.51Bc	1029.95±2.62Bb
成熟期	211.43±2.88Ab	1218.05±3.32Bb	1066.62±3.57Bb	230.86±4.13Aa	1369.81±4.28Aa	1138.95±4.28Aa

处理	C			D		
	F_0	Fm	Fv	F_0	Fm	Fv
花期	219.00±3.47Bb	1451.86±3.29Aa	1232.86±3.47Aa	215.19±3.35Cc	1354.14±3.34 Aa	1138.95±4.27Aa
膨大期	233.33±3.21Aa	1323.24±3.57Bb	1089.90±2.86Bb	233.71±2.65Bb	1343.57±4.52Aab	1109.86±5.25Aa[b]
成熟期	217.10±3.57Bb	1288.19±3.46Cc	1071.10±4.10Bb	237.43±3.24Aa	1304.05±3.44Ab	1066.62±3.31Ab

处理	E			CK		
	F_0	Fm	Fv	F_0	Fm	Fv
花期	234.62±3.64Bb	1423.90±4.11Aa	1189.29±3.44Aa	213.19±3.25Cc	1356.52±3.73Bb	1143.33±3.11Bb
膨大期	241.10±4.18Aa	1418.48±3.27Aa	1177.38±3.83Aa	253.90±2.81Aa	1495.52±3.11Aa	1241.62±2.77Aa
成熟期	227.90±3.57Cc	1338.38±2.88Bb	1110.48±4.37Bb	235.10±3.56Bb	1344.76±3.46Bb	1109.67±4.25Bb

注：小写字母表示在 5%的显著性水平下显著；大写字母表示在 1%的显著性水平下显著。

由图 2-178 可以看出，Fv/Fm 日均值在花期表现为 C 浓度较高，在膨大期变现为 E 浓度较高，在成熟期则表现为 C 浓度较高，Fv/Fm 差异性表现为 A 浓度花期与膨大期、成熟期有极显著差异，膨大期与成熟期无显著差异；E 浓度花期与膨大期、成熟期有显著差异，膨大期与成熟期无显著差异，其余各浓度表现为三个时期均有显著差异。由图 2-179 可以看出，Fv/F_0 日均值各时期的最高值与 Fv/Fm

日均值表现相同，差异性表现也与 *Fv/Fm* 相同。

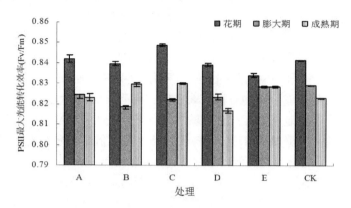

图 2-178　同一施 B 浓度不同物候期骏枣叶片 *Fv/Fm* 日均值比较

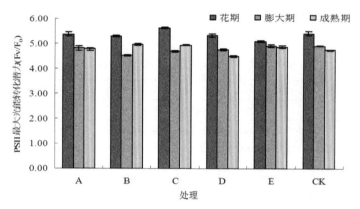

图 2-179　同一施 B 浓度不同物候期骏枣叶片 *Fv/F₀* 日均值比较

第三章 骏枣水分生理特性

土壤-植物-大气系统(SPAC)是地球表层中物质转化和能量循环较为强烈的活动层。水的运动在这一系统中最为活跃,而土壤蒸发、植被蒸腾(合称为蒸散)在水分运动过程中又扮演着极其重要的角色。它既是能量平衡,又是水量平衡的重要组成部分,同时又与生物产量的形成以及植物的生理活动有着密切的联系。因此,蒸发蒸腾问题的研究,一直是气象、土壤、水文、自然地理以及农学等相关领域、学科共同关注的重要课题。选择正确的方法来计算树木的蒸腾耗水,同时掌握蒸腾的发生规律,对于干旱区植物个体的发展、水分利用效率的提高、生物产量的模拟预测和加强水资源的集约管理,均具有重要的意义和作用。

阿克苏地区属暖温带大陆性气候,气候干燥,降雨量少,日照长,具有冬季干冷和夏季干热的气候特点,适宜种植多种名优特果树,尤其是枣树。但是,阿克苏地区的塔北、塔南灌区地处塔克拉玛干沙漠边缘,受沙漠干热气候和开荒区开荒用水量增加的影响,河渠断流,地下水位下降,造成部分土壤沙化,植被枯萎死亡。而人为开荒、过度放牧等活动对荒漠生态系统的破坏使大量土地沙化。据初步估算,近 10 年来,仅阿瓦提县南面的绿洲边缘土地沙化面积至少增加3300hm²,这种现象在各县均有发生。

为了防止沙漠化的进一步扩大,在人类活动区与沙漠边缘建立防护林和红枣经济林的防风固沙林网,这样既可以增加林网防风固沙的功能,保障生态系统的稳定,又可以改善居民生存环境,提高当地居民的经济收入。但该地区灌溉措施不科学和灌溉时期不合理,造成了水资源的大量浪费。因此本章对骏枣的液流特性进行研究,从而针对阿克苏地区骏枣的水分状况、制定合理的灌溉指标,最终达到红枣的丰产及生态节水的目的。

第一节 骏枣树干液流特性

植物耗水量是植物吸收及以蒸散方式消耗的水量(高清,1976)。蒸散包括蒸发和蒸腾,蒸发只占植物生物耗水量的很小比例,中外学者多用蒸腾耗水量指代生物耗水量。水分从植物体内通过植物体表面的气孔或皮孔,以气体状态散失到大气中的过程称为蒸腾作用,是植物水分利用的关键。关于蒸腾作用的生理意义概括起来有以下三个方面(潘瑞炽,2001;陆时万,1982):①蒸腾作用是植物水分吸收和运输的主要动力;②对于矿质盐类和有机质的吸收和运输起到动力的作用;③蒸腾作用可以降低叶片温度。旱生植物一方面通过自身的低水势和强大根系从外界获取水分,另一方面又能在干旱环境通过一定的机制来防止体内水分散失。

　　液流是蒸腾作用在植物体内引起的上升运动。树干液流即液体在树体内部的流动，它的整个过程是土壤液态水进入根系后，通过茎输导组织向上运送到达冠层，经由气孔蒸腾转化为气态水扩散到大气中。在此过程中，树干是水流通道的咽喉部位，树干液流量的大小与整株蒸腾量的变化关系十分密切。研究表明，根部吸收的水分有90%以上通过蒸腾作用耗散。因此，通过测算液流速率，可以计算并表示蒸腾量。

一、材料与方法

　　本试验于2011年4月初至10月底，在阿克苏地区红旗坡农场新疆农业大学试验基地的40亩枣园内进行，试验材料选自该枣园内生长良好且无病虫害的骏枣树，枣树为4年生，属于幼龄，郁闭度为0.8，密度在90株/亩，平均树高在1.92m左右，平均地径在4.16cm，被测处（即距地面45cm树干位置处插探针）的平均直径为3.21cm，平均单叶面积为12cm²，树势均匀，长势旺。样地内随机选取3棵枣树，样木编号分别为A、B、C，骏枣的生长状况见表3-1。骏枣在整个生长季内的灌水情况：4月12日、4月29日、6月4日、7月5日和7月28日对枣园（包括试验区）进行漫灌，9月份和10月份（由于果实成熟，防止枣裂果）未对枣园进行灌水。

表3-1　骏枣的生长状况统计表

样木号	树高(m)	冠幅(m)		被测处直径(cm)	被测处去皮直径(cm)	边材面积(cm²)	平均边材面积(cm²)
		东西	南北				
A	2.11	1.08	1.22	3.49	3.29	6.12	
B	1.91	1.43	1.45	3.16	2.96	6.02	6.07
C	1.92	1.56	1.52	3.4	3.20	6.08	

（一）骏枣树干液流测定

　　树干液流采用美国Dynamax公司生产的FLGS-TDP插针式植物茎流计系统测定，其测定原理是热扩散法。热扩散法适用于测定茎干较粗的乔木和高大的灌木，原理上克服了蒸腾量测定上的系统误差，受外界条件影响小。生长季（4～10月），利用茎流计对表3-1中所选枣园内的样木，进行了不间断地测定。本研究数据采集间隔为15min，每30min进行平均值计算并记录下来。

（二）叶水势的测定

　　水势采用美国WESCOR公司生产的PSYPRO水势仪测定，它测量水势具有速度快(4~5min 内直接读数),读数范围广(通常为 - 8MPa~ - 0.05MPa,使用特殊技术可以达到 - 300MPa),误差小(0.01MPa),容易使用和维护、校准检验简单等特点。生长季在试验区内分别选择生长良好且无病虫害的枣树树冠外围,太阳直射且距地面 1.5m 部位的枣树叶片(叶片为从枝条顶端数第二、三片叶)。每月灌水过后 15d 左右,选定两个标准日测定两个日进程,水势日变化测定是从早晨 8:00~20:00,随机采取新鲜叶片,放入水势仪样品室测定,每 2h 取样一次,重复 3 次,测定后取平均值。与液流速率同步进行。

(三)气象因子测定

气象因子的观测采用美国生产的 Vantage Pro2 无线气象站,该气象站是一套完整的测定和记录小气候的系统,配备的标准传感器有:太阳总辐射(solar radiation),空气相对湿度(air relative humidity),空气温度(air temperature),土壤温度(soil temperature),土壤水势(soil water potential),降雨量(rainfall)和风速(wind speed)。所有传感器观测的数据均通过 Vantage Pro2 无线气象站的数据采集器(即气象使者)自动采集,将数据采集器与计算机连接,定期采集资料,间隔期的长短由试验人员自行控制。一次安装后能在一个生长季期间连续测定,不会破坏植物正常生理活动。本研究数据采集间隔为 30min,与液流速率测定同步进行。

二、结果分析

(一)骏枣树干液流和叶水势的变化规律

1. 骏枣树干液流的变化规律

1)晴天骏枣树干液流的变化规律

为了分析晴天骏枣树干液流速率的变化规律,从 2011 年 4 月至 10 月(即整个生长季),每月选择 1 个典型晴天,分别是 4 月 27 日、5 月 15 日、6 月 25 日、7 月 21 日、8 月 23 日、9 月 26 日和 10 月 19 日。用测定树干液流速率绘制图 3-1。

枣树受自身生理特性和外界环境因子的影响,在整个生长季的晴天,枣树树干液流的变化特征存在差异。从图 3-1 中可以看出,整个生长季内,骏枣树干液流的日变化趋势均呈单峰曲线。枣树树干液流速率(以 7 月 21 日为例)在 23:30~7:00 几乎为 0,且平稳无剧烈地波动;7:00 液流启动,此时液流速率为 0.001L/h;7:00~15:00,液流速率迅速上升,到了 15:00 达到了峰值(0.1L/h);15:00 以后,随着太阳辐射的减弱,空气温度不断地下降,空气湿度不断地上升,液流速率不断地下降，到了 23：30 左右，液流速率下降到了最小值为 0。在整个生长季内，0：00～23：30 枣树树干液流速率平均日变幅为 0.0154～0.384L/h；总变幅为 0.017～0.076L/h。

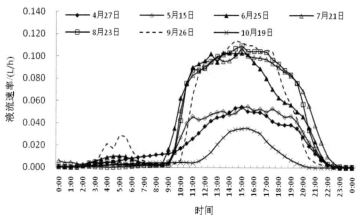

图 3-1 晴天骏枣树干液流的变化

2) 阴天骏枣树干液流的变化规律

从 2011 年 4 月至 10 月（即整个生长季），每月选择 1 个典型阴天，分别是 4 月 29 日、5 月 30 日、6 月 17 日、7 月 15 日、8 月 27 日、9 月 9 日和 10 月 23 日。测定树干液流值绘制图 3-2。

从图 3-2 中可以看出，生长季内骏枣生长的各个时期，树干液流在阴天均表现为不规则的多峰曲线。6 月 17 日和 9 月 9 日，骏枣树干液流在白天液流波动较大，夜间有较稳定的液流。其他典型阴天，树干液流昼夜波动也较大。阴天骏枣液流速率保持在 0.101L/h 以下。

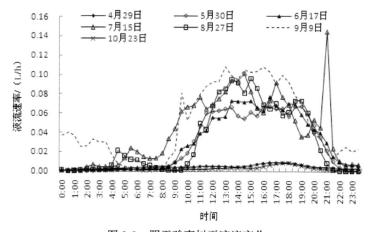

图 3-2 阴天骏枣树干液流变化

3) 雨天骏枣树干液流的比较

从 2011 年 4 月至 10 月(即整个生长季),每月选择 1 个典型雨天,分别是 5 月 11 日、6 月 21 日、7 月 31 日、8 月 29 日、9 月 16 日和 10 月 24 日。测定树干液流值绘制图 3-3。

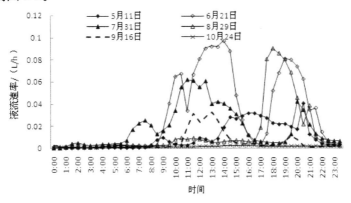

图 3-3　雨天骏枣树干液流变化

图 3-3 为雨天骏枣树干液流变化。从图中可以看出,在枣树生长的各个时期,树干液流值在雨天均表现为不规则的多峰曲线。5 月 11 日、6 月 17 日和 8 月 29 日,骏枣树干液流在白天液流波动较大,夜间有较稳定的液流。其他典型雨天,树干液流昼夜波动也较大。雨天枣树液流速率保持在 0.087L/h 以下。

4) 骏枣树干液流的月变化规律

骏枣在生长季内各月平均液流速率变化见图 3-4,4 月枣树月平均液流速率最小为 0.0154L/h;7 月枣树月平均液流速率最大,是 0.0384L/h。4~7 月,随着太阳辐射的增强,空气温度不断地上升,空气湿度不断地下降,枣树月平均液流速率缓慢地上升;7~10 月,枣树月平均液流速率均缓慢地下降。整个生长季内枣树月平均液流速率呈单峰型曲线。

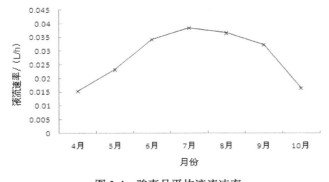

图 3-4　骏枣月平均液流速率

　　4～10月份骏枣树干液流速率都有明显的规律性变化见表3-2。从树干液流的启动时间到结束时间来看，骏枣树干液流总时间长短顺序为7月>8月>9月>5月>6月>4月>10月。树干液流时间越长说明枣树生命活动越旺盛。从树干液流速率的峰值上来看，枣树树干液流速率峰值9月>8月>6月>7月>5月>4月>10月，9月峰值最大，推测原因是9月的太阳总辐射和空气温度相比7月、8月虽有所下降，但下降幅度不大；而由于8月底控水后枣园的相对湿度降低，且使得叶片和干燥的空气两者的水蒸汽压差增大，从而加速了植物蒸腾速率，使液流流速加快。从树干液流速率日平均值分析，枣树树干液流速率日平均值8月>7月>6月>9月>5月>4月>10月。

表3-2　骏枣树干液流速率月变化

月份	启动时间	达到峰值的时间	结束时间	峰值 L/h	平均液流速率 L/h
4	9：30	15：00	21：30	0.054	0.0209
5	9：00	15：00	23：00	0.066	0.0275
6	8：30	13：30	23：00	0.103	0.0391
7	7：00	15：00	23：30	0.100	0.0429
8	7：30	15：00	23：30	0.109	0.0454
9	8：00	15：00	23：30	0.110	0.0361
10	11：00	15：30	20：00	0.036	0.0086

　　选择5月、7月和9月3个月份的2个连续晴天条件下骏枣树干液流速率测定值进行分析。由图3-5所示，枣树树干液流速率变化均呈先增长后下降的趋势，5月的液流变化曲线为单峰曲线，7月为宽峰曲线，9月为窄峰曲线。从图中可以看出，7月和9月枣树在夜间也存在液流，这可能是由于根压的存在所产生的主动吸收，导致液流缓慢地上升，随后又有所下降，因而可以补充白天植物蒸腾失去的水分，并恢复体内的水分平衡。

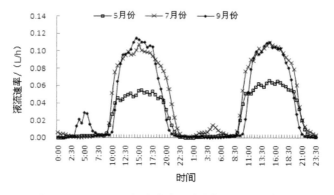

图3-5　5、7、9月份连续晴天骏枣树干液流速率变化

2. 骏枣叶水势的变化规律

1) 骏枣叶水势的日变化规律

SPAC 系统中土壤和大气水分对植物水分状况的影响最终都会反映到植物水势上，骏枣叶片水势日变化见图 3-6。由图可以看出，在枣树生长季(5～10 月)中，8：00～20：00 骏枣叶水势呈单谷型。8：00 骏枣叶水势差异不明显，叶水势都维持较高水平，均值为(−0.63±0.09)MPa。其原因是由于此时太阳辐射弱，气温低，相对湿度大，叶片气孔开度小，蒸腾失水少。8：00 以后，随着气温的升高、太阳辐射的增强、空气相对湿度降低、叶片气孔开度逐渐加大，由蒸腾作用引起的叶片失水也逐渐增加，叶水势不断降低，于 16：00 达到了全天最低值，此时枣树叶水势(以 9 月 10 日为例)为 −1.77MPa。16：00 以后，随着气温降低、太阳辐射减少、空气相对湿度增加、叶片气孔开度变小，由蒸腾作用引起的叶片失水也逐步减少，骏枣叶水势快速回升，到了 20：00 骏枣叶片水势(以 9 月 10 日为例)为 −1.35MPa。骏枣叶水势平均日变幅为(−0.89～−1.06)MPa，总变幅为(−0.46～−0.54)MPa。

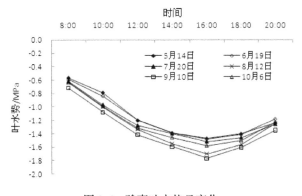

图 3-6　骏枣叶水势日变化

2) 骏枣叶水势的月变化规律

依据 5～10 月各月测定的水势日均值求算骏枣各月的叶水势均值并绘成图 3-7。在整个生长季中，由于气温的不断升高，光照的逐渐增强，蒸腾耗水增强，体内水分产生亏缺，枣树叶水势从 5 月至 8 月不断地下降。为了防止处于果实膨大期的红枣裂果，9 月以后未对枣园(包括试验区)进行漫灌，所以枣树叶水势此时处于最低值，为 −1.36MPa。10 月初随着气温降低，枣树生长缓慢并趋于停止，进入果实采收期、叶变色期和落叶期，蒸腾耗水减少，枣树叶水势回升。枣树叶水势呈"V"型，均值为（–1.24±0.12）MPa。

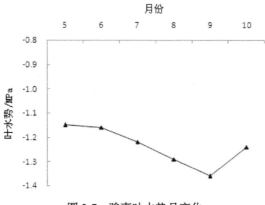

图 3-7　骏枣叶水势月变化

（二）骏枣树干液流、叶水势与环境因子的关系

1. 骏枣树干液流与环境因子的关系

1）连续晴天骏枣树干液流与环境因子的关系

　　树木在外界环境中生活，树干液流不仅和自身的生理特性有关，同时也和其生长的环境因素变化有着密切的联系。骏枣树干液流的日变化与空气温度(Ta)、相对湿度(RH)、太阳总辐射(TR)、土壤温度(SR)和风速(WS)等的日变化有很好的同步性。上述这些因素对液流速率的影响并不是独立的，各环境因子相互制约和互相协调。以下分析得是 2011 年 8 月 22～23 日骏枣树干液流与环境因子之间的变化规律（如图 3-8～图 3-11）。

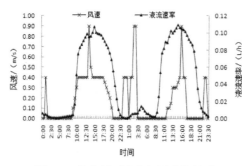

图 3-8　骏枣树干液流与风速的关系

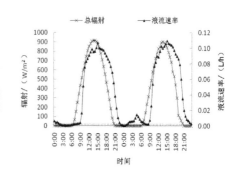

图 3-9　骏枣树干液流与太阳总辐射的关系

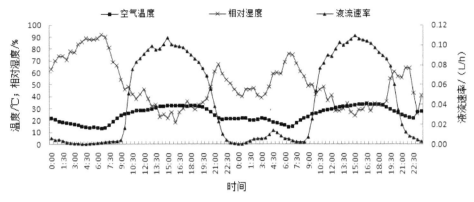

图 3-10 骏枣树干液流与空气温湿度的关系

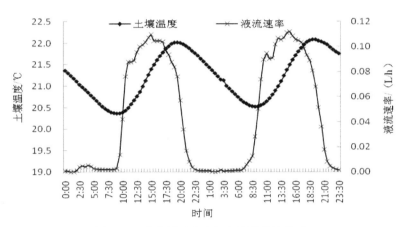

图 3-11 骏枣树干液流与土壤温度的关系

表 3-3 晴天骏枣树干液流速率日变化与环境因子相关分析

指标	相关系数				
	TR	Ta	RH	WS	SR
树干液流	0.852**	0.906**	-0.708**	0.417**	0.549**

注：**表示在1%的显著性水平下显著。

如图 3-8 所示，在晴朗的白天，枣园内风速比较大，骏枣树干液流速率也较大；夜间由于枣树叶片气孔关闭，风速对树干液流速率无明显的影响。风速与树干液流速率的变化波形基本一致，呈极显著正相关关系(见表 3-3)，相关系数为0.417。

骏枣树干液流速率的变化规律与太阳总辐射的变化规律相同，都是呈现单峰曲线。由图 3-9 所示，早晨 6：30 太阳总辐射开始增强，树干液流在 7：00 开始上升；中午 13：30 左右太阳总辐射达到最强，树干液流速率在 14：00 左右达到最大值；晚上 21：30 太阳总辐射值降到零，而树干液流速率在 23：30 消失。可见太阳辐射对树干液流速率有影响，但有时滞效应。骏枣树干液流速率与太阳总辐射呈极显著正相关关系（见表 3-3），相关系数为 0.852。

由图 3-10 所示，骏枣树干液流速率的变化与空气温度的变化趋势相同，随着温度的逐渐升高，骏枣树干液流速率也随着增大。而空气相对湿度的变化则与树干液流速率的变化趋势相反，夜间空气相对湿度较大时枣树树干液流速率处于很低甚至可以忽略的水平。在晴朗的白天，空气相对湿度随着温度的上升而逐渐降低，骏枣树干液流则逐渐增加。骏枣树干液流速率的变化与空气温度的变化呈正相关关系（见表 3-3），相关系数为 0.906，而与相对湿度的变化呈极显著负相关关系（见表 3-3），相关系数为 – 0.708。

由图 3-11 所示，骏枣树干液流速率的变化与土壤温度的变化趋势相同，随着土壤温度逐渐地升高，枣树树干液流速率也不断地上升，上升到最高值后开始下降，土壤温度滞后于树干液流约 2 小时。骏枣树干液流速率与土壤温度呈极显著正相关关系（表 3-3），相关系数为 0.549。

总体来说，在连续的晴天，太阳总辐射、空气温度、相对湿度、风速和土壤温度的综合作用对骏枣树干液流速率昼夜变化规律起到一定的影响，而这些环境因子之间又相互制约和相互作用。

2)阴天骏枣树干液流与环境因子的关系

由图 3-12 可以看出阴天（8 月 27 日）太阳总辐射和空气相对湿度表现为不规则的多峰曲线，整个白天，不同时间段的太阳总辐射都在 570W/m² 以下，空气相对湿度与晴天相比也明显下降，结合图 3-13 发现阴天的白天都有风的存在，并且风速一直在 0～2.5m/s 之间，导致空气相对湿度有所下降。由图 3-13 可以看出阴天空气温度一直维持在 18℃～20℃之间，且变化无规律。

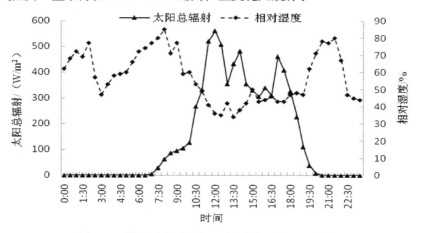

图 3-12　阴天骏枣园内太阳总辐射与空气湿度变化

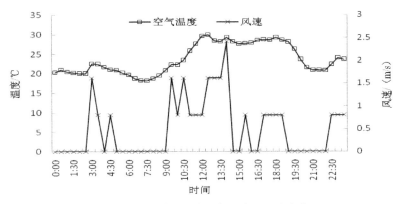

图 3-13　阴天骏枣园内空气温度和风速变化

由图 3-14 可以看出，骏枣树干液流速率比晴天情况下要低，且表现为不规则的多峰曲线，这是因为阴天的空气温度和太阳总辐射都比较低，空气的相对湿度不高，骏枣叶片蒸腾速率较低。在凌晨 4：30 时枣树树干液流速率出现了一个小峰值，可能是根压的存在所产生的主动吸收，也可能是白天蒸腾产生的蒸腾拉力的延续。

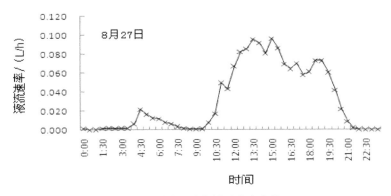

图 3-14　阴天骏枣树干液流变化

表 3-4　阴天骏枣树干液流速率日变化与环境因子相关分析

指标	相关系数			
	TR	Ta	RH	WS
树干液流	0.635**	0.705**	0.366**	0.369**

注：*表示在 5%的显著性水平下显著；**表示在 1%的显著性水平下显著。

总体来说，在阴天条件下，空气温度、相对湿度、太阳总辐射和风速对枣树树干液流速率都有一定的影响。根据相关分析结果（见表 3-4），可知阴天骏枣树干液流与空气温度、相对湿度、太阳辐射和风速呈极显著正相关。

3)雨天骏枣树干液流与环境因子的关系

由图 3-15 所示，选择 8 月 29 日为雨天条件下骏枣树干液流的变化。从图中可知雨天情况下骏枣树干液流速率变化与晴天差异很大,夜间由于空气温度较高,空气湿度较大,骏枣树干液流速率异于晴天和阴天。早晨 9：00 和中午 13：30 随着降水量突然增加,空气湿度的升高,空气温度的降低,导致叶片气孔突然关闭,蒸腾变小,枣树树干液流速率也随着突然下降。随着降雨量的减少,相对湿度和空气温度也相应改变,叶片气孔逐渐开启,蒸腾逐渐恢复,枣树树干液流速率也随着恢复。

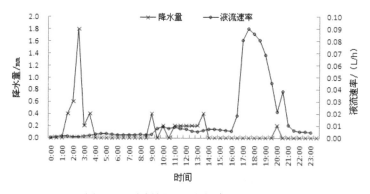

图 3-15　枣树树干液流与降水量的关系

总体来说,在雨天条件下,枣树树干液流速率与降雨量有着一定的关系。枣树树干液流与降雨量呈正相关关系,相关系数为 0.058。

4)骏枣树干液流与环境因子月均值关系比较

对 2011 年 4~10 月骏枣树干液流测定值进行分析。由图 3-16 可知,骏枣树干液流速率月均值大小顺序为 7 月>8 月>6 月>9 月>5 月>10 月>4 月。

4~10 月空气温湿度、太阳总辐射、风速、降雨量、土壤温度、土壤水势月均值的变化情况见图 3-17 至图 3-22。根据环境因子分析得出,4 月份骏枣树干液流速率最低,是因为 4 月份枣树处于生长初期,枣树刚萌芽且未展叶。10 月份枣树果实进入成熟期,太阳总辐射降到了最低,空气温度较低,空气相对湿度较高,土壤温度较低,土壤水势较低,树叶开始脱落,骏枣树干液流速率都较低。6、7、8 月份枣树进入了速生期,这 3 个月的液流速率都维持较高的水平,由于 6 月份土壤温度相对于 7、8 较低,6 月份风速相对 7、8 较大,8 月份土壤水势较低,所以 6、8 月枣树树干液流速率都要略低于 7 月。

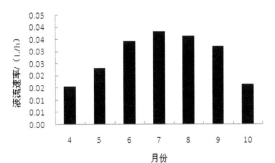

图 3-16 4~10 月枣树树干液流速率月均值比较

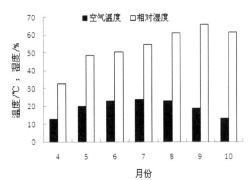

图 3-17 4~10 月空气温度和湿度月均值比较

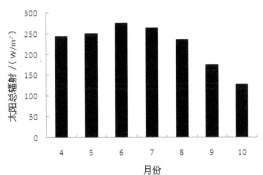

图 3-18 4~10 月太阳总辐射月均值比较

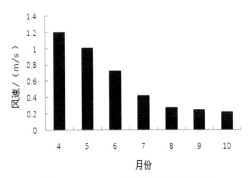

图 3-19 4~10 月风速月均值比较

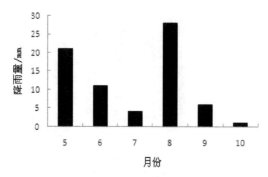

图 3-20 5～10月降雨量月均值比较

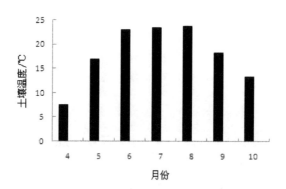

图 3-21 4～10月土壤温度月均值比较

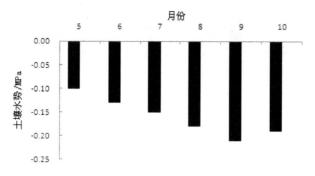

图 3-22 5～10月土壤水势月均值比较

2. 骏枣叶水势与环境因子的关系

1) 骏枣叶水势与环境因子日变化的关系

植物叶水势是受多种因子影响而时刻处于动态变化中的生理指标。气候因子是影响叶水势的关键性因子。图 3-23 是太阳总辐射与枣树叶水势的关系图。白天，随着太阳高度角的不断增大，太阳总辐射从清晨 8：00 开始不断增强，枣树叶水势不断地下降，到了 14：00 左右太阳总辐射达到最强值 854W/m²，到 16：00，枣树叶水势降到最低值，为 – 1.5MPa。此后，随着太阳总辐射的不断减弱，枣树叶水势缓慢增加。相关分析表明，枣树叶水势与太阳总辐射呈负相关关系（见表 3-5），相关系数为 – 0.534，但枣树叶水势变化滞后于太阳总辐射变化约 2 小时。

　　气温、相对湿度对骏枣叶水势的影响见图 3-24。白天，气温最低值 21.4℃出现在清晨 8：00 前后，枣树叶水势最高值为 – 0.62MPa；8：00 以后，枣树叶水势不断降低，到了 16：00 气温达到了最高值 32.7℃，枣树叶水势则降到了最低，为 – 1.5MPa；此后气温逐渐降低，而枣树叶水势开始回升。枣树叶水势与湿度的变化一致；空气相对湿度从清晨 8：00 的最高值 52%降到 16：00 的最低值 30%，枣树叶水势相应地由 8：00 的最高降低到 16：00 的最低，此后随着湿度逐渐回升，枣树叶水势也开始回升。相关分析表明：枣树叶水势与气温之间呈负相关关系，相关系数为 – 0.886；枣树叶水势与湿度之间呈正相关关系（见表 3-5），相关系数为 0.951。

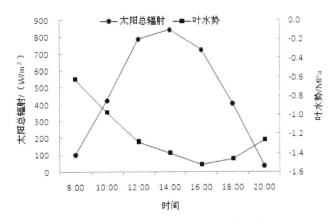

图 3-23　骏枣叶水势与太阳总辐射的关系

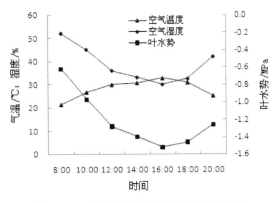

图 3-24　骏枣叶水势与空气温湿度的关系

表 3-5 骏枣叶水势日变化与气象因子相关分析

指标	相关系数		
	TR	Ta	RH
叶水势	−0.534**	−0.886**	0.951**

注：**表示在1%的显著性水平下显著。

2)骏枣叶水势与环境因子月变化的关系

对2011年5～10月骏枣叶水势和相应的环境因子月均值进行分析,见图3-25至图3-27。

由图3-25可以看出,在生长季内,随着太阳高度角的变化,太阳总辐射月均值从5月开始上升,到了6月达到了最大,之后开始不断下降。枣树叶水势月均值从5月开始不断下降,到了9月降到了最低,10月份叶水势又有所回升。枣树叶水势与太阳总辐射月值呈正相关关系(见表3-6),相关系数为0.554。

由图3-26可以看出空气温度月均值从5月开始不断上升,到了7月达到了最大值23.6℃,7月以后不断下降;空气相对湿度月均值从5月开始不断上升,到了9月达到了最大值65.8%,9月以后不断下降。骏枣的叶水势与空气温度月均值呈正相关关系(见表3-6),相关系数为0.19,骏枣的叶水势与空气湿度月均值呈负相关关系(见表3-6),相关系数为−0.956。

5～10月骏枣叶水势与土壤水势的月变化见图3-27。4月底对枣园进行了漫灌,土壤水分得到了补充。一定的水分补充能够使植物的水分状况得到改善,此时正是枣树的发芽和展叶期,枣树处于生长初期,蒸腾耗水少,因而土壤水势和叶水势都较高,分别为−0.1MPa、−1.15MPa;6～8月枣树分别进入初花期、盛花期和幼果期,每个月都对枣园进行了漫灌,但随着大气温度不断上升和蒸腾耗水不断增加,土壤水势不断地下降,枣树叶水势也不断下降;由于枣果进入膨大期,8月中下旬以后未对枣园进行灌水,此时土壤水势处于最低值,枣树叶水势也处于最低值,土壤水势和叶水势分别为−0.21MPa、−1.36MPa;10月份随着气温降低,枣树生长缓慢并趋于停止,进入果实采收期、叶变色期和落叶期,蒸腾耗水减少,导致土壤水势稍微有所回升,叶水势也有所回升。根据相关分析得出,骏枣的叶水势与土壤水势月均值呈正相关关系(见表3-6),相关系数为0.919。

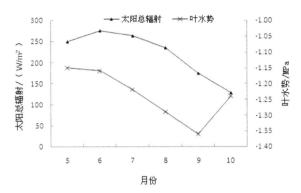

图 3-25 骏枣叶水势与太阳总辐射的月变化

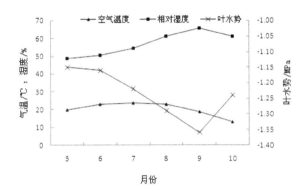

图 3-26 骏枣叶水势与空气温湿度的月变化

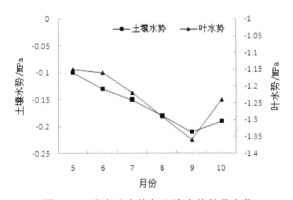

图 3-27 骏枣叶水势与土壤水势的月变化

表 3-6 骏枣叶水势月变化与环境因子相关分析

指标	相关系数			
	TR	Ta	RH	SP
叶水势	0.554**	0.190*	−0.956**	0.919**

注：*表示在5%的显著性水平下显著；**表示在1%的显著性水平下显著。

综上所述,各环境因子中,土壤水势、太阳辐射、气温与叶水势呈极显著正相关,空气相对湿度与叶水势呈极显著负相关,以上因子对叶水势的影响强弱关系为 RH > SP > TR > Ta。

3. 骏枣树干液流与叶水势的关系

1)骏枣树干液流与叶水势日变化关系

选择2011年8月晴朗的白天,对骏枣树干液流速率和叶水势测定值进行分析。如图 3-28 所示,枣树树干液流速率从 8:00 开始不断上升;到了 14:00 左右,液流速率达到了最大值,之后液流速率不断下降。与此同时,枣树叶水势从清晨8:00 开始不断地下降,到了 16:00 叶水势降到了最小值,16:00 以后叶水势缓慢上升。根据相关分析结果得出,枣树树干液流速率和叶水势之间呈负相关关系,相关系数为 − 0.869。

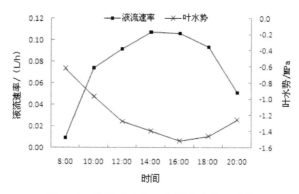

图 3-28　骏枣叶水势与液流速率的日变化

2)骏枣树干液流与叶水势月变化关系

对 2011 年 5～10 月骏枣树干液流速率和叶水势的月均值进行测定分析。如图 3-29 所示,在整个生长季内,枣树树干液流速率月均值从 5 月开始上升,到了 7 月液流速率达到了最大值(0.0384L/h),7 月以后液流速率开始下降。枣树叶水势月均值从 5 月开始不断下降,到了 9 月降到了最低,10 月份叶水势又有所回升。根据相关分析结果得出,骏枣树干液流速率月均值和叶水势月均值之间呈负相关关系,相关系数为 − 0.208。

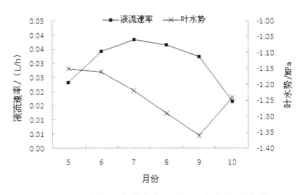

图 3-29　骏枣叶水势与树干液流速率的月变化

4. 骏枣树干液流、叶水势与环境因子三者之间的关系

1) 日变化关系

选择晴天的空气温度(Ta)、空气湿度(RH)和太阳总辐射(TR)与骏枣树干液流速率、叶水势做偏相关分析(见表 3-7)。分析结果表明：骏枣树干液流速率、叶水势与各个气象因子都有着较强的相关性，骏枣树干液流速率与叶水势、相对湿度呈极显著负相关，与空气温度、太阳总辐射呈极显著正相关，四因素影响的大小关系为 Ta > RH > 叶水势 > TR；而叶水势与环境因子中的相对湿度呈极显著正相关，与空气温度、太阳辐射呈极显著负相关，三因素影响的大小关系为 RH > Ta > TR。

表 3-7　骏枣树干液流速率、叶水势日变化与环境因子相关分析

天气状况	指标	相关系数				
		树干液流	叶水势	TR	Ta	RH
晴天	树干液流	1.000	− 0.869**	0.836**	0.979**	− 0.926**
	叶水势	− 0.869**	1.000	− 0.534**	− 0.886**	0.951**

注：*表示在 5%的显著性水平下显著；**表示在 1%的显著性水平下显著。

根据以上分析，用骏枣树干液流速率(y)与叶水势(x_1)、太阳总辐射(x_2)、空气温度(x_3)和空气湿度(x_4)进行逐步回归，得到骏枣树干液流速率与各因子的回归模型：

$$y=0.07+4.32\times10^{-5}x_1 - 4.31\times10^{-6}x_2+3.14\times10^{-5}x_3 - 6.13\times10^{-5}x_4$$

式中 x_1、x_2、x_3 和 x_4 因子与骏枣树干液流速率回归达到极显著水平。

2)月变化关系

对整个生长季(5~10 月)的骏枣树干液流速率、叶水势与环境因子月均值关系的分析见表3-8。本试验选择空气温度(Ta)、空气湿度(RH)、太阳总辐射(TR)、土壤温度(SR)和土壤水势(SP)等环境因子与骏枣树干液流速率、叶水势做偏相关分析。分析结果表明：在整个生长季内，骏枣树干液流速率与叶水势、土壤水势和相对湿度呈显著负相关，与土壤温度、空气温度和太阳总辐射呈极显著正相关，六因素影响的大小关系为 SR > Ta > TR > 叶水势 > SP > RH；而叶水势与环境因子中的相对湿度呈极显著负相关，与土壤水势、太阳总辐射、空气温度和土壤温度呈显著正相关，五因素影响的大小关系为 RH > SP > TR > Ta > SR。

表 3-8　骏枣树干液流速率、叶水势季变化与环境因子相关分析

指标	相关系数						
	树干液流	叶水势	TR	Ta	RH	SR	SP
树干液流	1.000	-0.208^*	0.66^{**}	0.90^{**}	-0.006	0.949^{**}	-0.021
叶水势	-0.208^*	1.000	0.55^{**}	0.190^*	-0.956^{**}	0.036	0.919^{**}

注：*表示在 5%的显著性水平下显著；**表示在 1%的显著性水平下显著。

用整个生长季(5~10月)骏枣树干液流速率月均值(y)与叶水势月均值(x_1)、太阳总辐射月均值(x_2)、空气温度月均值(x_3)、空气湿度月均值(x_4)土壤温度月均值(x_5)和土壤水势月均值(x_6)进行逐步回归，得到骏枣树干液流速率与各因子月均值的回归模型：

$$y=0.06+4.32\times10^{-5}x_1-4.31\times10^{-6}x_2+3.14\times10^{-5}x_3-6.13\times10^{-5}x_4-1.12\times10^{-5}x_5+1.06\times10^{-5}x_6$$

式中 x_1、x_2、x_3、x_4、x_5 和 x_6 因子与骏枣树干液流速率回归达到极显著水平。

(三)生长季骏枣树干液流量分析

图 3-30 所示骏枣在整个生长季的累计液流量变化，从图中可以看出，4~7 月枣树累计液流量急剧上升，到了 7 月累计液流量最大，7~10 月累计液流量又缓慢下降。枣树累计耗水量最小的是 4 月，为 5.394L，日平均累计流量是0.179L；液流量最大的是 7 月，为 28.593L，日平均累计液流量是 0.953L。枣树 4 月的累计液流量为 7 月的 18.86%。在整个生长季，单株骏枣耗水量是134.745L。

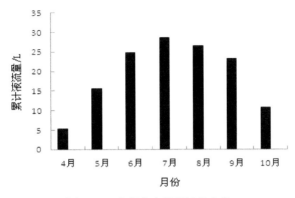

图 3-30　骏枣液流月累计量变化

第二节　地面覆盖对骏枣树干液流的影响

本节对采用地面覆盖草席子的骏枣的树干液流进行了探讨，对于枣树水分利用效率的提高、生物产量的模拟预测和加强水资源的集约管理，均具有重要的指导意义。

一、材料与方法

本试验于 2011 年 4 月初至 10 月底，在阿克苏地区红旗坡农场新疆农业大学试验基地的 40 亩枣园内进行，试验材料选自该枣园内生长良好且无病虫害的骏枣树，枣树树龄为 4 年生，属于幼龄，郁闭度为 0.8，密度在 90 株/亩，平均树高在 1.92m 左右，平均地径在 4.16cm，被测处（即距地面 45cm 树干位置处插探针）的平均直径为 3.21cm，平均单叶面积为 12 cm²，树势均匀，长势旺。

在枣园内选取 10m×10m 的样地。对样地采取覆草措施（即枣树底下盖上草席子，草席子厚度为 3cm 左右）。在覆草措施的样地内随机选取 3 棵枣树，样木编号分别为 A、B、C，见表 3-9。

表 3-9　试验样树的生长状况

样木号	树高 (m)	冠幅(m)		被测处直径 (cm)	被测处去皮直径(cm)	边材面积 (cm²)	平均边材面积 (cm²)
		东西	南北				
A	1.77	1.10	1.68	3.29	3.09	6.05	
B	2.14	1.21	1.38	3.29	3.09	6.05	6.05
C	1.98	1.45	1.59	3.26	3.06	6.04	

枣树在整个生长季内的灌水情况：4 月 12 日、4 月 29 日、6 月 4 日、7 月 5

日和 7 月 28 日对枣园(包括试验区)进行漫灌,9 月份和 10 月份(由于果实成熟,防止枣裂果)未对枣园进行灌水。

(一)骏枣茎流测定

树干液流采用美国 Dynamax 公司生产的 FLGS-TDP 插针式植物茎流计系统测定。生长季利用茎流计对表 3-9 中所选得覆草措施下样地内的样木,进行了不间断地测定。本研究数据采集间隔为 15min,每 30min 进行平均值计算并记录下来。

(二)叶水势的测定

水势采用美国 WESCOR 公司生产的 PSYPRO 水势仪测定。生长季(5～10 月)在覆草处理区内分别选择生长良好且无病虫害的骏枣树冠外围,太阳直射且距地面 1.5m 部位的骏枣叶片(叶片为从枝条顶端数第二、三片叶)。每月灌水过后 15d 左右,选定两个标准日测定两个日进程,水势日变化测定从早晨 8:00～20:00,随机采取新鲜叶片,放入水势仪样品室测定,每 2h 取样一次,重复 3 次,测定后,取平均值。与骏枣液流速率测定同步进行。

(三)环境因子的测定

气象因子的观测是采用美国生产的 Vantage Pro2 无线气象站,研究数据采集间隔为 30min,与骏枣液流速率测定同步进行。

二、结果分析

(一)覆草措施下骏枣树干液流的变化规律

1. 覆草措施下骏枣树干液流的日变化规律

2011 年 4～10 月份覆草措施下骏枣树干液流速率都有明显的规律性变化见表 3-10。从每月树干液流的启动至结束时间来看,覆草措施下骏枣树干液流总时间长短顺序为 7 月>8 月>9 月>6 月>5 月>4 月>10 月,树干液流时间越长说明枣树生命活动越旺盛。从树干液流速率的峰值上来看,覆草措施下骏枣树干液流速率峰值 8 月>7 月>6 月>9 月>5 月>4 月>10 月,由于覆草措施是在枣树下面盖上草席子,所以具有保水保墒的作用,覆草措施的枣树到了 8 月份树叶面积就已经达到最大,此时的液流速率相应地达到了最大。从树干液流速率日均值分析，覆草措施下骏枣树干液流速率日均值8月>7月>6月>5月>9月>4月>10月。

表 3-10 覆草措施下骏枣树干液流速率日变化

日期(月-日)	启动时间	达到峰值的时间	结束时间	峰值 L/h	平均液流速率 L/h
4-27	9：30	15：00	21：30	0.054	0.0214
5-15	9：00	15：00	23：30	0.114	0.0501
6-25	8：30	13：30	23：00	0.155	0.0688
7-21	7：00	15：00	23：30	0.170	0.0720
8-23	7：30	15：30	23：30	0.185	0.0737
9-26	8：00	15：30	23：30	0.121	0.0428
10-19	11：00	15：30	20：00	0.044	0.0099

选择5月、7月、9月3个月份的2个连续晴天条件下骏枣树干液流速率测定值进行分析。由图3-31所示，覆草措施下骏枣树干液流速率变化呈逐渐增长的趋势，5月的液流变化曲线为单峰曲线，7月为宽峰曲线，9月为窄峰曲线。7月份枣树的生命活动旺盛，太阳总辐射值、空气温湿度值、土壤温度值较高，导致7月枣树的液流速率值最大，所以图中7月份的峰值最大。从图中可以看出，7月和9月覆草措施下枣树在夜间也存在液流，这是由于根压的存在所产生的主动吸收，导致液流缓慢地上升，随后又有所下降，因而可以补充白天植物蒸腾失去的水分，并恢复体内的水分平衡。

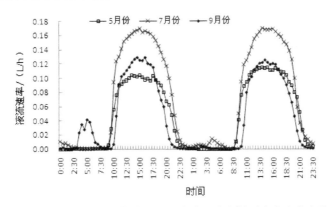

图 3-31 5、7、9月覆草措施下连续晴天骏枣树干液流速率变化

2. 覆草措施下骏枣树干液流的月变化规律

对2011年4~10月覆草措施下骏枣树干液流测定值月均值进行分析，对覆草措施各月枣树树干液流速率的月均值和相应的环境因子进行比较。由图 3-32 可

知,覆草措施下骏枣树干液流速率月平均值大小顺序为7月>6月>8月>9月>5月>10月>4月。

　　4～10月空气温湿度、太阳总辐射、风速、降雨量、土壤温度、土壤水势月均值的变化情况见图3-17至图3-20、图3-39和图3-40。根据环境因子分析得出,4月份骏枣树干液流速率最低,是因为4月份枣树处于生长初期,枣树刚萌芽且未展叶。10月份枣树果实进入成熟期,太阳总辐射降到了最低,空气温度较低,空气相对湿度较高,土壤温度较低,土壤水势较低,树叶开始脱落,骏枣树干液流速率都较低。6、7、8月份枣树进入了速生期,这3个月的液流速率都维持较高的水平,由于6月份土壤温度相对于7、8较低,6月份风速相对7、8较大,8月份土壤水势较低,所以6、8枣树树干液流速率都要略低于7月。

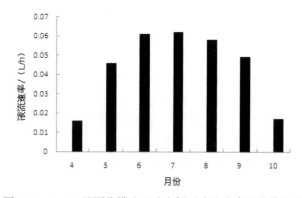

图3-38　4～10月覆草措施下骏枣树干液流速率月均值比较

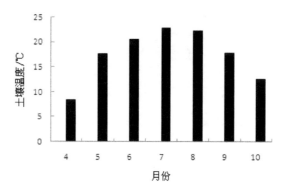

图3-39　4～10月覆草措施下土壤温度月均值比较

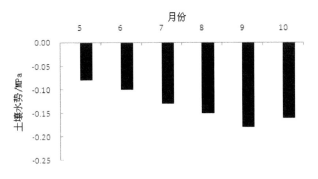

图 3-40　5~10 月覆草措施下骏枣园土壤水势月均值比较

(二)覆草措施下骏枣树干液流、叶水势与环境因子的关系

1. 覆草措施下骏枣树干液流与环境因子的关系

1)覆草措施下连续晴天骏枣树干液流与环境因子的关系

选择连续的晴天(即 2011 年 8 月 22~23 日)，研究了骏枣树干液流与环境因子之间的变化规律，见图 3-41 至图 3-44。枣树生长在外界环境中，其树干液流与自身生理特性和生长环境因子发生的变化有着密切的联系。覆草措施下枣树树干液流的日变化与空气温度(Ta)、相对湿度(RH)、太阳总辐射(TR)、土壤温度(SR)和风速(WS)等的日变化有很好的生态学同步性。以上这些因子对液流速率的影响并不是独立的，各环境因子之间相互制约和互相协调。

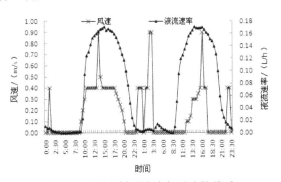

图 3-41　骏枣树干液流与风速的关系

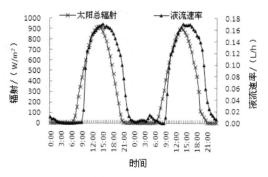

图 3-42　骏枣树干液流与太阳总辐射的关系

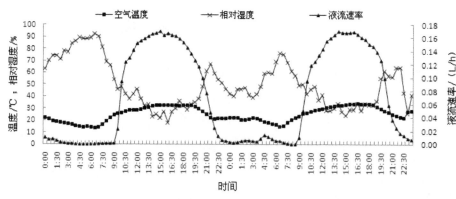

图 3-43　骏枣树干液流与空气温湿度的关系

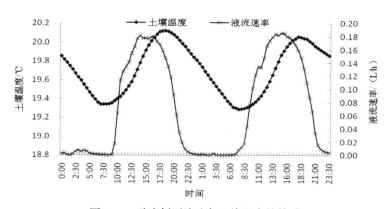

图 3-44　骏枣树干液流与土壤温度的关系

表 3-11　覆草措施下晴天骏枣树干液流速率日变化与环境因子相关分析

指标	相关系数				
	TR	Ta	RH	WS	SR
树干液流	0.843**	0.912**	-0.709**	0.421**	0.425**

注：**表示在1%的显著性水平下显著。

如图 3-41 所示，连续 2 个白天，枣园内风速较大时，骏枣树干液流速率也较大；相反，夜间由于枣树叶片气孔关闭，风速对树干液流速率无明显的影响。风速与树干液流速率的变化波形基本一致，呈极显著正相关(见表 3-11)，相关系数为 0.421。

由图 3-42 所示，早晨 6：30 太阳总辐射开始增强，树干液流于 7：00 开始上升；中午 13：30 左右太阳总辐射达到最强，树干液流速率在 15：30 达到最大值；晚上 21：30 太阳总辐射值降到零，而树干液流速率在 23：30 也降为 0。太阳辐射对树干液流速率的影响有时滞效应，滞后时间约为 2 小时。骏枣树干液流速率的变化规律与太阳总辐射的变化规律相同，都是呈现单峰曲线；骏枣树干液流速率与太阳总辐射呈极显著正相关(见表 3-11)，相关系数为 0.843。

由图 3-43 所示，骏枣树干液流速率的变化与空气温度的变化趋势相同，随着温度的逐渐升高，枣树树干液流速率也随着增大。而空气相对湿度的变化则与树干液流速率的变化趋势相反，夜间空气相对湿度较大时枣树树干液流速率处于很低甚至可以忽略的水平；在晴朗的白天，空气相对湿度随着温度的上升，而逐渐降低，枣树树干液流则逐渐增加。骏枣树干液流速率的变化与空气温度的变化呈极显著正相关(见表 3-11)，相关系数为 0.912；与相对湿度的变化呈极显著负相关(见表 3-11)，相关系数为 − 0.709。

由图 3-44 所示，覆草措施下骏枣树干液流速率的变化与土壤温度的变化趋势相同，随着土壤温度逐渐地升高，枣树树干液流速率也不断地上升，上升到最高值后开始下降，土壤温度滞后于树干液流约 2 小时。骏枣树干液流速率与土壤温度呈极显著正相关(见表 3-11)，相关系数为 0.425。

2) 覆草措施下阴天骏枣树干液流与环境因子日变化的关系

由图 3-45 可以看出阴天(8 月 27 日)太阳总辐射和空气相对湿度表现为不规则的多峰曲线，整个白天，不同时间段的太阳总辐射都在 $570W/m^2$ 以下，空气相对湿度与晴天相比也明显下降，结合图 3-46 发现阴天的白天都有风的存在，并且风速一直在 0～2.5m/s 之间，导致空气相对湿度有所下降。由图 3-46 可以看出阴天空气温度一直维持在 18℃～20℃之间，且变化无规律。

由图 3-47 可以看出，覆草措施下骏枣树干液流速率比晴天情况下要低，且表现为不规则的多峰曲线，这是因为阴天的空气温度和太阳总辐射都比较低，空气的相对湿度不高，骏枣叶片蒸腾速率较低。在凌晨 4：30 时枣树树干液流速率出现了一个小峰值，可能是根压的存在所产生的主动吸收，也可能是白天蒸腾产生的蒸腾拉力的延续。

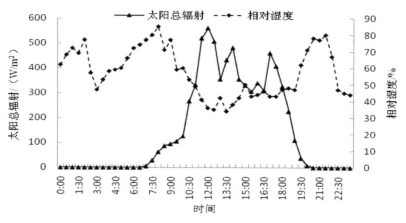

图 3-45　枣园内太阳总辐射与空气湿度变化

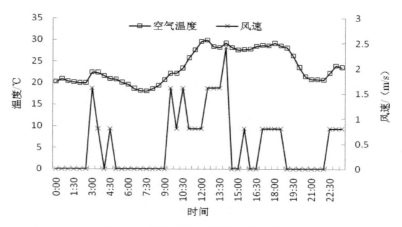

图 3-46　枣园内空气温度与风速变化

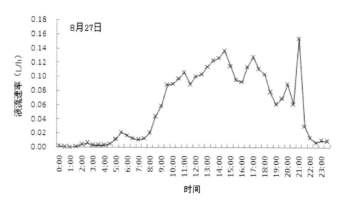

图 3-47　枣树树干液流变化

表 3-12　阴天覆草措施下枣树树干液流速率日变化与环境因子相关分析结果

指标	相关系数			
	TR	Ta	RH	WS
树干液流	0.619**	0.7**	0.369**	0.333**

注：**表示在1%的显著性水平下显著。

总体来说，在阴天条件下，空气温度、相对湿度、太阳总辐射和风速对覆草措施下的骏枣树干液流速率都有一定的影响。根据相关分析结果（见表 3-12），可知阴天骏枣树干液流与空气温度、相对湿度、太阳辐射和风速呈极显著正相关。

3) 覆草措施下雨天骏枣树干液流与环境因子日变化关系

由图 3-48 为雨天（8 月 29 日）条件下骏枣树干液流的变化。从图中可知雨天情况下骏枣树干液流速率变化与晴天差异很大，在夜间由于空气温度较高，空气湿度较大，枣树树干液流速率异于晴天。由于枣树对环境适应能力不同，生理特性也发生了改变，液流速率也不相同，然而变化规律一致。早晨 9：00 和中午 13：30 随着降水量突然增加，空气湿度的升高，空气温度的降低，导致叶片气孔突然关闭，蒸腾变小，枣树树干液流速率也随着突然下降。随着降雨量的减少，相对湿度和空气温度也相应改变，叶片气孔逐渐开启，蒸腾逐渐恢复，枣树树干液流速率也随着恢复。当有降雨的时候，都会伴随着树干液流的升高和降低，到了夜间变化规律也是如此。

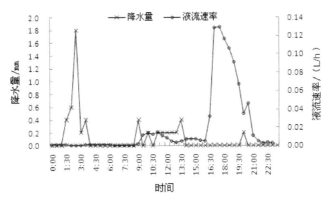

图 3-48　枣树树干液流与降水量的关系

根据相关分析结果，骏枣树干液流速率与降雨量有着一定的关系。骏枣树干液流与降雨量呈正相关关系，相关系数为 0.024。

2. 覆草措施下骏枣叶水势与环境因子的关系

1) 覆草措施下骏枣叶水势与气象因子日变化的关系

植物叶水势是受多种因子影响而时刻处于动态变化中的生理指标。气象因子是影响叶水势的关键性因子。图 3-49 表明了太阳总辐射对覆草措施下骏枣叶水势的影响。白天，随着太阳高度角的不断增大，太阳总辐射从清晨 8：00 开始不断增高，而覆草措施下骏枣叶水势不断地下降；14：00 左右太阳总辐射达到最强值 854W/m^2，后迅速下降，覆草措施下骏枣叶水势滞后于太阳总辐射，16：00 叶水势降到最低值 -1.4MPa，后开始提升。相关分析表明，覆草措施下骏枣叶水势与太阳总辐射呈极显著负相关（见表 3-13），相关系数为 -0.566。

图 3-50 气温、相对湿度对覆草措施下骏枣叶水势的影响。总体上看，叶水势的变化趋势与空气湿度一致，与空气温度相反。从 8：00 到 16：00，天气温度逐渐升高，从 8：00 的 21.4℃升到 16：00 的最高值 32.7℃；此时空气温度和叶水势均值呈下降趋势，空气温度从最高值 52%（8：00）降到最低值 30%（16：00），叶水势从最高值 -0.59MPa（8：00）降到 -1.37MPa（16：00）。16：00～20：00，随着气温的逐渐下降，空气温度和叶水势缓慢升高。相关分析表明：覆草措施下骏枣叶水势与气温呈极显著负相关（见表 3-13），相关系数为 -0.833；与相对湿度呈极显著正相关（见表 3-13），相关系数为 0.952。

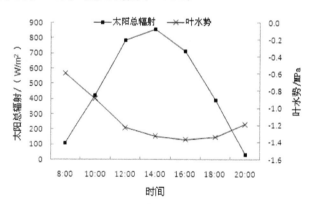

图 3-49　覆草措施下骏枣叶水势与太阳总辐射的关系

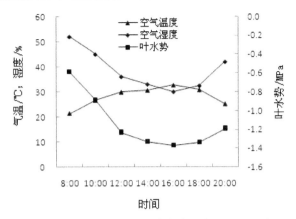

图 3-50 覆草措施下骏枣叶水势与空气温湿度的关系

表 3-13 覆草措施下骏枣叶水势与气象因子日变化相关性分析

指标	相关系数		
	TR	Ta	RH
叶水势	− 0.566**	− 0.883**	0.952**

注：**表示在1%的显著性水平下显著。

2)覆草措施下骏枣叶水势与环境因子的月变化规律

对 2011 年 5～10 月覆草措施下骏枣和环境因子的月均值进行分析,见图 3-51 至图-53。如图 3-51 所示,随着太阳高度角的变化,太阳总辐射月均值从 5 月开始上升,到了 6 月达到了最大,之后开始不断下降。覆草措施下的骏枣叶水势月均值从 5 月开始不断下降,9 月降到了最低,10 月叶水势又有所回升。覆草措施下的骏枣叶水势月均值与太阳总辐射月均值呈极显著正相关(见表 3-14),相关系数为 0.47。

图 3-52 为覆草措施下的骏枣叶水势与空气温湿度的月变化。总体上看,空气相对湿度与叶水势的月均值变化趋势截然相反,与气温的月均值变化趋势相似。空气温度从 5 月开始不断上升,到了 7 月达到了最大值 23.6℃,7 月以后不断下降;空气相对湿度月均值从 5 月开始不断上升,到了 9 月达到了最大值 65.8%,9 月以后不断下降;覆草措施下枣树叶水势月均值从 5 月开始不断下降,到了 9 月降到了最低,10 月份叶水势又有所回升。相关分析表明,覆草措施下的骏枣叶水势与空气温度的月均值呈正相关(见表 3-14),相关系数为 0.107,与空气湿度月均值呈极显著负相关(见表 3-14),相关系数为 − 0.908。

图 3-53 为覆草措施下的骏枣叶水势与土壤水势的月变化。4 月底对枣园进行了漫灌,5 月土壤水分得到了补充。一定的水分补充能够使植物的水分状况得到改善,此时正是枣树的发芽和展叶期,枣树处于生长初期,蒸腾耗水少,因而土

壤水势和叶水势都较高，分别为 - 0.08MPa、- 1.08MPa；6 月至 8 月枣树分别要
进入初花期、盛花期和幼果期，每个月都对枣园进行了漫灌，但随着气温不断地
上升和蒸腾耗水不断增加，土壤水势不断地下降，枣树叶水势也不断下降；由于
枣果进入膨大期，9 月以后未对枣园进行灌水，此时土壤水势处于最低值，枣树
叶水势也处于最低值，土壤水势和叶水势分别为 - 0.18MPa、- 1.27MPa；10 月
份随着气温降低，枣树生长缓慢并趋于停止，进入果实采收期、叶变色期和落叶
期，蒸腾耗水减少，导致土壤水势稍微有所回升，叶水势也有所回升。覆草措施
下的骏枣叶水势与土壤水势月均值呈极显著正相关（见表 3-14），相关系数为
0.882。

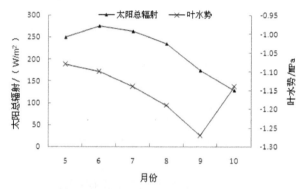

图 3-51　覆草措施下的骏枣叶水势与太阳总辐射的月变化

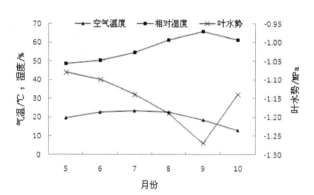

图 3-52　覆草措施下的骏枣叶水势与空气温湿度的月变化

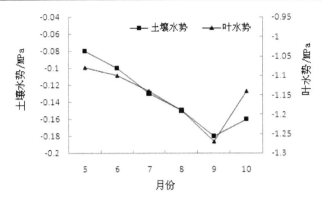

图 3-53　覆草措施下的骏枣叶水势与土壤水势的月变化

表 3-14　覆草措施下骏枣叶水势与环境因子月变化相关性分析

指标	相关系数			
	TR	Ta	RH	SP
叶水势	0.47[**]	0.107[*]	− 0.908[**]	0.882[**]

注：*表示在 5%的显著性水平下显著；**表示在 1%的显著性水平下显著。

3. 覆草措施下的骏枣树干液流与叶水势的关系

1）覆草措施下的骏枣树干液流与叶水势日变化的关系

选择晴朗的白天（8 月 12 日），对覆草措施下的骏枣树干液流速率和叶水势进行测定值并进行分析。如图 3-54 所示，随着太阳辐射不断地增强，空气温度不断上升，相对湿度不断下降，骏枣树干液流速率从 8：00 开始不断上升，到 14：00 左右，液流速率达到了最大值，后逐渐下降。相对湿度不断升高，液流速率也不断下降。覆草措施下骏枣叶水势从 8：00 开始不断下降，到了 16：00 叶水势降到了最小值，16：00 以后叶水势缓慢上升。根据相关性分析结果得出，覆草措施下的骏枣树干液流速率和叶水势之间呈极显著负相关，相关系数为 − 0.909。

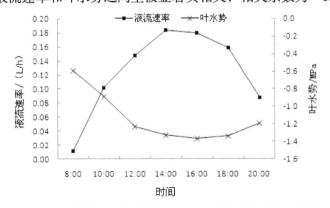

图 3-54　覆草措施下的骏枣树干液流速率与叶水势的日变化

2)覆草措施下的骏枣树干液流与叶水势的月变化关系

对2011年5～10月覆草措施下骏枣树干液流速率和叶水势的月均值进行了测定分析。如图 3-55 所示，在整个生长季内，覆草措施下骏枣树干液流速率月均值从 5 月开始上升，到了 7 月液流速率达到了最大值，为 0.0619L/h，7 月以后液流速率开始下降。覆草措施下骏枣叶水势月均值从 5 月开始不断下降，到了 9 月降到了最低，10 月份叶水势又有所回升。根据相关性分析结果得出，覆草措施下的骏枣树干液流速率和叶水势月均值之间呈负相关，相关系数为－0.192。

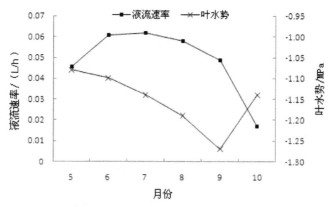

图 3-55　覆草措施下的骏枣树干液流速率与叶水势的月变化

4. 覆草措施下的骏枣树干液流、叶水势和环境因子日变化的关系

1)骏枣树干液流速率、叶水势和环境因子日变化的关系

根据对覆草措施下的骏枣树干液流速率、叶水势变化与环境因子关系的分析可知其与环境因子有着密切的关系。本试验选择晴天条件下的空气温度(Ta)、空气湿度(RH)和太阳总辐射(TR)等环境因子与覆草措施下骏枣树干液流速率、叶水势做偏相关分析(见表 3-15)。分析结果表明：晴天天气条件下，覆草措施下骏枣树干液流速率、叶水势与各个气象因子都有着较强的相关性。覆草措施下，骏枣树干液流与叶水势、空气湿度呈极显著负相关，与太阳辐射、气温呈极显著正相关，四因素影响的大小关系为 Ta > RH > 叶水势 > TR；而叶水势与环境因子中的空气湿度呈极显著正相关，与气温、太阳辐射呈极显著负相关，三因素影响的大小关系 RH > Ta > TR。综上所述可知，在晴天覆草措施下的骏枣树干液流速率、叶水势与环境因子相关性明显。

表3-15　骏枣树干液流速率、叶水势与环境因子日变化相关性分析

天气状况	指标	相关系数				
		树干液流	叶水势	TR	Ta	RH
晴天	树干液流	1.000	− 0.909[**]	0.819[**]	0.983[**]	− 0.965[**]
	叶水势	− 0.909[**]	1.000	− 0.566[**]	− 0.883[**]	0.952[**]

注：*表示在5%的显著性水平下显著；**表示在1%的显著性水平下显著。

根据以上分析，用覆草措施下的骏枣树干液流速率(y)与叶水势(x_1)、太阳总辐射(x_2)、空气温度(x_3)和空气湿度(x_4)进行逐步回归，得到覆草措施下的骏枣树干液流与各因子的回归模型：

$$y=0.06+3.72\times10^{-5}x_1-4.29\times10^{-6}x_2+2.87\times10^{-5}x_3-6.25\times10^{-5}x_4$$

式中x_1、x_2、x_3和x_4因子与覆草措施下的骏枣树干液流速率回归达到极显著水平。

2) 骏枣树干液流速率、叶水势和环境因子月变化的关系

根据对整个生长季内覆草措施下骏枣树干液流速率、叶水势与环境因子月均值关系的分析可知其与环境因子有着密切的关系。本试验选择空气温度(Ta)、空气湿度(RH)、太阳总辐射(TR)、土壤温度(SR)和土壤水势(SP)等环境因子与覆草措施下骏枣树干液流速率、叶水势做偏相关分析(见表3-16)。覆草措施下，骏枣树干液流与叶水势、相对湿度月均值呈负相关，与土壤温度、空气温度、太阳辐射和土壤水势月均值呈正相关，六因素影响的大小关系为 SR > Ta > TR > RH > SP > 叶水势；而叶水势与环境因子中的空气湿度、土壤温度月均值呈负相关，与土壤水势、太阳辐射和空气温度月均值呈正相关，五因素影响的大小关系为 RH > SP > TR > Ta > SR。综上所述，太阳总辐射和空气温度是影响覆草措施下的骏枣树干液流速率的主要因素，空气湿度和土壤水势是影响覆草措施下骏枣叶水势的主要因素。

表3-16　骏枣树干液流速率、叶水势与环境因子月均值相关性分析

指标	相关系数						
	树干液流	叶水势	TR	Ta	RH	SR	SP
树干液流	1.000	− 0.192[*]	0.86[**]	0.98[**]	− 0.316[**]	0.958[**]	0.304[**]
叶水势	− 0.192[*]	1.000	0.47[**]	0.107[*]	− 0.908[**]	− 0.023	0.882[**]

注：*表示在5%的显著性水平下显著；**表示在1%的显著性水平下显著。

根据以上分析，用整个生长季(5～10月)覆草措施下的骏枣树干液流速率(y)与叶水势(x_1)、太阳总辐射(x_2)、空气温度(x_3)、空气湿度(x_4)土壤温度(x_5)和土

壤水势月均值(x_6)进行逐步回归，得到覆草措施下骏枣树干液流速率与各因子月均值的回归模型：

$$y=0.06+3.67\times10^{-5}x_1-4.28\times10^{-6}x_2+3.09\times10^{-5}x_3-5.87\times10^{-5}x_4-1.09\times10^{-5}x_5+1.02\times10^{-5}x_6$$

式中 x_1、x_2、x_3、x_4、x_5 和 x_6 因子与覆草措施下骏枣树干液流速率回归达到极显著水平。

(三)生长季覆草措施下骏枣液流量分析

图 3-56 所示为覆草措施下骏枣在整个生长季当中的液流量变化。对覆草措施下骏枣在生长季中不同月份累计液流量进行方差分析表明，除了 4 月和 10 月，累计液流量相比差异不显著($P>0.05$)，其它各月累计液流量相比差异显著($P<0.05$)。覆草措施下骏枣累计液流量最小的是 4 月，为 5.405L，日平均累计液流量是 0.180L；液流量最大的是 7 月，覆草措施下骏枣月累计液流量为 46.089L，日平均累计液流量是 1.536L。覆草措施下骏枣 4 月的累计液流量为 7 月的 11.72%。4 月～7 月，覆草措施下骏枣累计液流量急剧上升，到了 7 月累计液流量最大，7 月～10 月累计液流量又缓慢下降。在整个生长季，覆草措施下单株骏枣累计液流量为 214.290L。

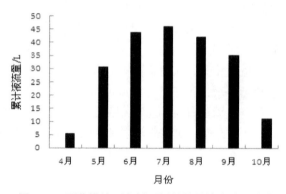

图 3-56　覆草措施下枣树不同月份累计液流量变化

(四)覆草措施与不采取措施下骏枣的液流量比较

结合图 3-56 和图 3-30，生长季前期，在土壤含水量状况一致的情况下，对枣园内的试验地采取了覆草措施(累计液流量见图 3-56)，而把不采取措施的样地作为对照(累计液流量见图 3-30)，后面每个月对覆草措施与对照的样地进行漫灌(两处理下的样地灌水量一致)，9 月份和 10 月份由于防止枣裂果，未对两处理下的样地进行灌水。在整个生长季，当覆草措施、对照的样地灌水量一致的情况下，覆草措施下的骏枣能够充分利用水分，单株骏枣耗水量为 214.290 L；对照的单株骏枣耗水量为 134.745 L。枣园覆草后，由于土壤蒸发量减少，植物能利用蒸腾的水分就增多，促进了植物的生理代谢，因而覆草后土壤保水能力增强。与覆草措施下枣树耗水量相比，对照的枣树下面的土壤是裸露的，因土壤蒸腾而失去的水分应大于 79.545 L。试验证明，对枣园采取覆草措施，确实具有减少土壤水分蒸发，防止树下杂草丛生的作用。与对照相比，覆草措施可以延长枣园灌溉的时间，间接的节约了水资源。因此，覆草措施可作为阿克苏地区枣树生态节水的一项重要推广措施，以提高枣树的水分生产力。

第四章　枣营养需求规律与养分生理特性

新疆南疆地区有丰富的光热资源，种植红枣的历史也比较长，但长期以来，由于缺乏科学的施肥观念、施肥技术单一、管理水平不到位，枣树施肥基本停留在凭经验施肥阶段；而且侧重于氮肥的施用，忽略了磷、钾肥和微肥的施用(汤建东等，2002)；肥料利用率也比较低下，致使枣树长期营养不足，进而影响枣树产量和品质。为此，本研究以新疆南部幼龄(5 或 6 年生)红枣树为研究对象，探讨枣树营养元素吸收累积规律。掌握不同生育期红枣树对氮、磷、钾养分吸收的比例以及累积量，提出氮、磷、钾等元素适宜的施肥比例和用量，用于指导果农科学合理施肥，做到养分定量、定时，按比例直接供给果树。

一、材料与方法

表 3-1　不同栽培模式枣园概况

时间/地点	栽培模式	品种	树龄	砧木	种植密度 (plant/hm²)
2009 年 3 ～ 11 月 兵团农一师九团一营十二连 (40°34′00″N，81°17′15″E)	1.5m×3.0m 栽培型	灰枣	6 年生	酸枣	2225
2010 年 3 ～ 11 月 阿克苏新和县渭干乡哈尼克村 (41°33′09″N，82°34′38″E)	0.3m×4.0m 栽培型	骏枣	5 年生	酸枣	8880
2011 年 3 ～ 11 月 阿克苏红旗坡农场 10 队 (41°15′15″N，80°11′14″E)	1.5m×2.0m 栽培型	骏枣	5 年生	酸枣	3420

1.5m×3.0m 栽培型枣园土壤质地为砂壤，土壤 pH 值为 8.0，有机质 6.8g/kg，碱解氮 17.4mg/kg，速效磷 11.5mg/kg，速效钾 72.6mg/kg；0.3m×4.0m 栽培型枣园土壤质地为砂壤，土壤 pH 值为 8.5，有机质 7.23g/kg，碱解氮 21.48mg/kg，速效磷 10.50mg/kg，速效钾 144.5mg/kg；1.5m×2.0m 栽培型枣园土壤质地为砂壤，土壤 pH 值 8.18，有机质 7.05g/kg，碱解氮 25.03mg/kg，速效磷 12.15mg/kg，速效钾 196.5mg/kg。

试验于 2009～2011 年在阿克苏地区 3 种栽培模式枣园内进行，试验前选取主干粗度、枝条数、枝条粗度相对一致、无病虫害、结果正常的 15 株红枣树挂牌标记，作为试材，采用随机区组设计，重复 3 次，具体施肥方案见表 3-1。

表 3-1　施肥试验设计　　　　　　（单位 kg/hm²）

栽培模式	萌芽前期			开花期			果实膨大期		
	N	P_2O_5	K_2O	N	P_2O_5	K_2O	N	P_2O_5	K_2O
1.5m×3.0m 栽培型	292.5	292.5	75	217.5	0	0	217.5	292.5	75
0.3m×4.0m 栽培型	270	540	135	202.5	0	0	202.5	0	0
1.5m×2.0m 栽培型	270	540	135	202.5	0	0	202.5	0	0

二、结果分析

（一）不同栽培模式枣树干物质积累量分析

表 4-1　不同栽培模式枣树生长期各器官干物质积累量

栽培模式	时期	根	茎	叶	果实	总生物量
1.5m×3.0m 栽培型	萌芽前期	356.10±2.31e	294.15±1.24h			650.51±2.34gh
	开花期	407.30±3.24cd	668.45±3.2ef	178.04±0.94ef		1253.35±4.05fg
	果实膨大期	437.15±3.25c	1018.65±4.27d	184.20±0.85e	532.35±2.34e	2172.523.24e
	果实成熟期	700.06±3.15a	1473.10±3.84bc	282.25±1.24bc	2103.51±3.02a	4559.01±3.48b
0.3m×4.0m 栽培型	萌芽前期	132.17±1.24h	336.23±2.51h			469.40±1.28h
	开花期	185.37±1.05g	414.37±2.64fg	181.30±0.94e		781.17±2.34g
	幼果期	236.43±1.24fg	486.05±1.52g	269.51±1.20c	128.67±0.94g	1120.06±3.87fg
	果实膨大期	291.25±1.84f	574.37±2.01f	340.64±1.54b	634.03±2.31d	1840.45±3.45ef
	果实成熟期	339.32±1.35ef	668.02±2.34ef	374.51±1.94ab	1177.12±3.14c	2559.21±4.12de
1.5m×2.0m 栽培型	萌芽前期	338.07±2.67ef	832.40±3.04e			1509.43±2.35f
	开花期	363.23±2.81e	931.05±3.01de	174.13±1.02ef		1832.07±3.68ef
	幼果期	448.07±2.94c	1317.17±2.31c	215.08±1.29d	259.02±1.35f	2687.17±4.05d
	果实膨大期	482.23±2.67bc	1578.53±4.02b	287.67±1.64bc	538.40±0.98e	3368.67±4.35c
	果实成熟期	558.37±3.45b	1859.13±3.57a	387.43±23.04a	1337.33±2.13b	4701.23±5.41a

注：小写字母表示在 5%的显著性水平下显著。

　　不同时期果树生物量与养分状况有密切关系（林雄等，2001；郑煜基等，2001）。由表 4-3 可知，3 种栽培模式下红枣树各器官干物质积累量及总生物量均随生育期的推进而增加。年周期内枣树净增生物量大小顺序为：1.5m×3.0m 栽培型 >1.5m×2.0m 栽培型>0.3m×4.0m 栽培型。1.5m×3.0m 栽培型枣树年周期内生物量净增加 3908.5g，0.3m×4.0m 栽培型枣树生物量净增加 2090.1g，1.5m×2.0m 栽培型枣树生物量净增加 3192.0g。
　　果实成熟期是枣树生物量积累最大的时期，与其他时期差异显著。1.5m×3.0m 栽培型整株生物量增加了 2386.5g，占全年净增生物量的 61.1%，

0.3m×4.0m 栽培型整株生物量增加了 735.3g，占全年净增生物量的 35.2%，1.5m×2.0m 栽培型整株生物量增加了 1332.6g，占全年净增生物量的 41.7%。

年周期内枣树各器官干物质积累量大小顺序为：果实>茎>根>叶，这与樊小林等(2004)的研究结果一致。总体来看，同一时期，3 种模式下枣树的总干物质积累变化差异显著，其大小顺序为：1.5m×2.0m 栽培型>1.5m×3.0m 栽培型>0.3m×4.0m 栽培型。

(二)不同栽培模式红枣树氮素、磷素、钾素积累量分析

1. 不同栽培模式枣树氮素、磷素、钾素净增积累量变化

1.5m×3.0m 栽培模式红枣树各时期氮素、磷素、钾素净增积累量见图 4-1。由图可得到以下结果：

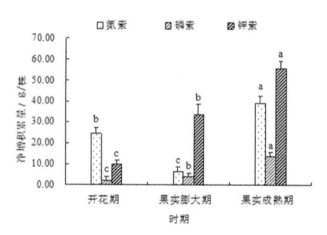

图 4-1　1.5m × 3.0m 栽培模式枣树各时期氮素、磷素、钾素净增积累量变化

1)氮素净增积累量大小顺序为：果实成熟期>开花期>果实膨大期。氮素净增积累量最大的时期是果实成熟期，净增加 39.22g/株，较开花期、果实膨大期分别提高 0.59 倍和 4.97 倍，差异显著。

2)磷素净增积累量大小顺序为：果实成熟期>果实膨大期>开花期。磷素净增积累量最大的时期是果实成熟期，净增加 13.56g/株，较开花期、果实膨大期分别提高 4.69 倍和 2.42 倍，差异显著。

3)钾素净增积累量大小顺序为：果实成熟期>果实膨大期>开花期。钾素净增积累量最大的时期是果实成熟期，净增加 55.76g/株，较开花期、果实膨大期分别提高 4.70 倍和 0.65 倍，差异显著。

0.3m × 4.0m 栽培模式红枣树各时期氮素、磷素、钾素净增积累量见图 4-2。由图可得到以下结果：

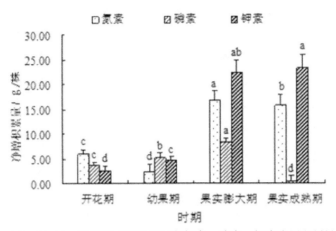

图 4-2 0.3m × 4.0m 栽培模式枣树各时期氮素、磷素、钾素净增积累量变化

1) 氮素净增积累量大小顺序为：果实膨大期>果实成熟期>开花期>幼果期。氮素净增积累量最大的时期是果实膨大期，净增加 16.80g/株，较开花期、幼果期、果实成熟期分别提高 1.82 倍、5.94 倍和 0.07 倍，差异显著。

2) 磷素净增积累量大小顺序为：果实膨大期>幼果期>开花期>果实成熟期。磷素净增积累量最大的时期是果实膨大期，净增加 8.25g/株，较开花期、幼果期、果实成熟期分别提高 1.24 倍、0.57 倍和 20.72 倍，差异显著。

3) 钾素净增积累量大小顺序为：果实成熟期>果实膨大期>幼果期>开花期。钾素净增积累量最大的时期是果实成熟期，净增加 23.19g/株，较开花期、幼果期、果实膨大期分别提高 8.31 倍、3.95 倍和 0.04 倍。

1.5m × 2.0m 栽培模式红枣树各时期氮素、磷素、钾素净增积累量见图 4-3。由图可得以下结果：

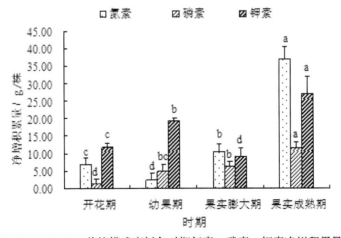

图 4-3 1.5m × 2.0m 栽培模式枣树各时期氮素、磷素、钾素净增积累量变化

1)氮素净增积累量大小顺序为：果实成熟期>果实膨大期>开花期>幼果期。氮素净增积累量最大的时期是果实成熟期，净增加 36.86g/株，较开花期、幼果期、果实膨大期分别提高 4.20 倍、14.20 倍和 2.53 倍，差异显著。

2)磷素净增积累量大小顺序为：果实成熟期>果实膨大期>幼果期>开花期。磷素净增积累量最大的时期是果实成熟期，净增加 11.58g/株，较开花期、幼果期、果实膨大期分别提高 6.72 倍、1.34 倍和 0.83 倍。

3)钾素净增积累量大小顺序为：果实成熟期>幼果期>开花期>果实膨大期。钾素净增积累量最大的时期是果实成熟期，净增加 27.02g/株，较开花期、幼果期、果实膨大期分别提高 1.28 倍、0.39 倍和 2.01 倍，差异显著。

2. 不同栽培模式枣树各器官氮素积累变化规律

由不同栽培模式枣树各器官氮素积累动态曲线(图 4-4、图 4-5、图 4-6)可知，不同栽培模式枣树氮素总积累量均呈递增趋势。1.5m×3.0m 栽培型枣树氮素总积累量由萌芽前期的 9.69g/株累计增加到果实成熟期的 80.22g/株，提高了 7.28 倍。0.3m×4.0m 栽培型由萌芽前期的 6.76g/株计增累加到果实成熟期的 47.66g/株，提高了 6.90 倍。1.5m×2.0m 栽培型由萌芽前期的 11.87g/株累计增加到果实成熟期的 68.67 g/株，提高了 4.79 倍。

不同栽培模式枣树各器官氮素积累变化表现不一。由图 4-4 可知，从萌芽前期至果实成熟期，1.5m×3.0m 栽培型枣树根和茎中氮素积累量总体呈增加趋势，其中，开花期和果实膨大期时的积累量变化不明显。原因可能与上年树体贮藏的氮素较多，根和茎中的氮素消耗较少有关。叶中氮素积累量呈先增加后降低趋势，由开花期的 10.02g/株先降低到果实膨大期的 8.96g/株，最后又增加到成熟期的 14.21g/株，差异显著。果实中氮素积累量呈递增趋势，其中，成熟期的积累量 (29.66g/株)是果实膨大期(7.56g/株)的 3.9 倍。

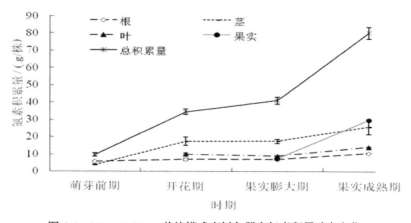

图 4-4　1.5 m × 3.0 m 栽培模式枣树各器官氮素积累动态变化

由图 4-5 可知，0.3m×4.0m 栽培型枣树根中氮素从萌芽前期的 1.15g/株增加到幼果期的 2.73g/株，再降低到果实膨大期的 2.43g/株，最后又增加到果实成熟期的 3.65g/株（达最大值）。茎中氮素从萌芽前期的 5.61g/株增加到开花期的 7.09g/株，之后降低到幼果期的 5.81g/株，最后又增加到成熟期的 10.73g/株（达最大值）。叶和果中氮素积累量变化呈递增趋势。均在成熟期达最大值，分别为 8.50g/株和 24.78g/株。

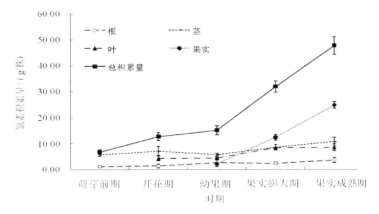

图 4-5　0.3m × 4.0m 栽培模式枣树各器官氮素积累动态变化

由图 4-6 可知，1.5m×2.0m 栽培型红枣树根和茎中氮素积累量呈先增加后降低再增加趋势，分别由萌芽前期的 3.41g/株、8.46g/株增加到开花期的 3.87g/株、12.24g/株，之后又降低到果实膨大期的 3.78g/株、11.11g/株，最后又增加到成熟期的 5.77g/株、24.92g/株（达最大值）。叶和果实中氮素积累量变化呈递增趋势，在果实成熟期达最大值，分别为 6.80g/株、31.18g/株，表明枣树果实器官的建造主要利用根系和茎中的氮素。

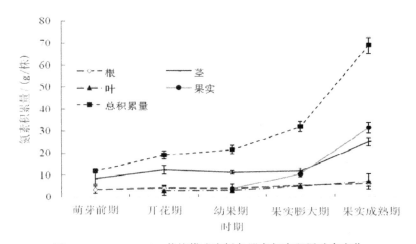

图 4-6　1.5m × 2.0m 栽培模式枣树各器官氮素积累动态变化

不同栽培模式红枣树年周期内氮素总积累量大小顺序为：1.5m×3.0m 栽培型 >1.5m×2.0m 栽培型>0.3m×4.0m 栽培型，各器官氮素积累量大小顺序均为：果实>茎>叶>根。整株枣树在各时期氮素积累量大小顺序均为：果实成熟期>果实膨大期>幼果期>开花期>萌芽前期。

3. 不同栽培模式枣树各器官磷素积累变化规律

由枣树各器官磷素积累动态曲线(图 4-7～图 4-9)可知，不同栽培模式枣树磷素总积累量均呈递增趋势。1.5m×3.0m 栽培型枣树磷素总积累量从萌芽前期的 3.86g/株增加到果实成熟期的 23.76g/株，平均增加了 5.16 倍。0.3m×4.0m 栽培型枣树磷素由萌芽前期的 1.98g/株累积到果实成熟期的 19.55g/株，增加了 8.8 倍。1.5m×2.0m 栽培型枣树磷素由萌芽前期的 2.34g/株累加到果实成熟期的 26.69g/株，增加了 10.4 倍。

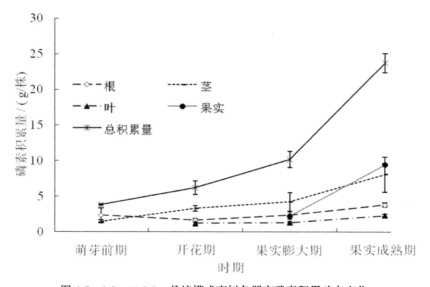

图 4-7　1.5m × 3.0m 栽培模式枣树各器官磷素积累动态变化

由图 4-7 可知，从萌芽前期至果实成熟期，1.5m×3.0m 栽培型枣树根和叶中磷素积累量变化不明显，最大变幅分别为 58.0%和 62.4%，茎中磷素积累比叶和根明显，果实成熟期茎中磷素积累量达 8.10g/株，是萌芽前期茎中磷素积累量的 5.5 倍，果实成熟期果实中磷素积累量达 9.47g/株，较果实膨大期增加 3.23 倍，差异显著。

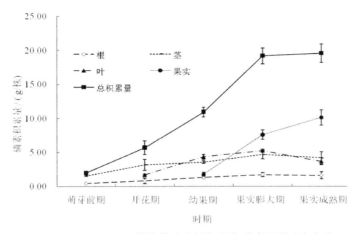

图 4-8　0.3m × 4.0m 栽培模式枣树各器官磷素积累动态变化

由图 4-8 可知，从萌芽前期至果实成熟期，0.3m×4.0m 栽培型枣树根中磷素积累量呈先增加后降低变化趋势，从萌芽前期的 0.43g/株增加到果实膨大期的 1.71g/株，最后降低到成熟期的 1.61g/株。茎中磷素积累从萌芽前期的 1.55g/株增加到果实膨大期的 4.66g/株(达最大值)，最后降低到成熟期的 4.15g/株。叶片磷素从开花期的 1.70g/株增加到果实膨大期的 5.21g/株(达最大值)，之后降低到果实成熟期的 3.67g/株。果实磷素由幼果期的 1.73g/株增加到成熟期的 10.11g/株(达最大值)。表明磷的分配随生长中心的转移而转移，这与樊红柱等(2007)对苹果的研究结果一致。

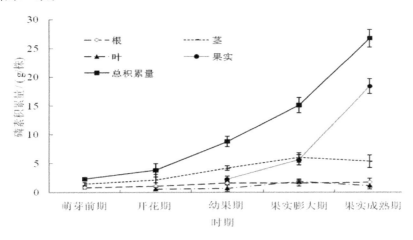

图 4-9　1.5m × 2.0m 栽培模式枣树各器官磷素积累动态变化

由图 4-9 可知，1.5m×2.0m 栽培型枣树根中磷素积累量呈递增趋势，在成熟期达最大值为 1.75g/株。茎和叶中磷素积累量变化均为先增加后降低趋势，分别由萌芽前期的 1.49g/株、0.58g/株增加到果实膨大期的 6.02g/株、1.86g/株（达最大值），后降低到成熟期的 5.36g/株、1.17g/株。果实中磷素积累量呈递增趋势，果实成熟期磷素积累量最大，为 18.40g/株。

不同栽培模式红枣树年周期内磷素总积累量大小顺序为：1.5m×2.0m 栽培型>1.5m×3.0m 栽培型>0.3m×4.0m 栽培型。各器官中磷素积累量表现不一，1.5m×3.0m 栽培型和 1.5m×2.0m 栽培型各器官中磷素积累量大小顺序为：果实>茎>根>叶，而 0.3m×4.0m 栽培型为：果实>茎>叶>根，原因可能与矮密栽培模式下根系扎的浅，且短小有关。整株枣树在各时期磷素积累量大小顺序均为：果实成熟期>果实膨大期>幼果期>开花期>萌芽前期。

4. 不同栽培模式枣树各器官钾素积累变化规律

由枣树各器官磷素积累动态曲线（图 4-10、图 4-11、图 4-12）可知，不同栽培模式枣树钾素总积累量均呈递增趋势。1.5m×3.0m 栽培型枣树钾素总积累量从萌芽前期的 18.13g/株累加到果实成熟期的 117.45g/株，增加了 5.48 倍。0.3m×4.0m 栽培型枣树钾素由萌芽前期的 8.44g/株累加到果实成熟期的 61.17g/株，增加了 6.25 倍。1.5m×2.0m 栽培型枣树由萌芽前期的 12.98g/株累加到果实成熟期的 80.24g/株，增加了 5.18 倍。

由图 4-10 可知，从萌芽前期至果实成熟期，1.5m×3.0m 栽培型枣树根中钾素积累变化与磷素积累变化一致，呈先降低后上升趋势，茎和叶中钾素积累动态变化一致，呈递增趋势，其中茎中钾素积累增幅大于叶中钾素积累增幅，果实中钾素积累在果实成熟期急剧增大，其钾素积累量是果实膨大期的 4.1 倍。

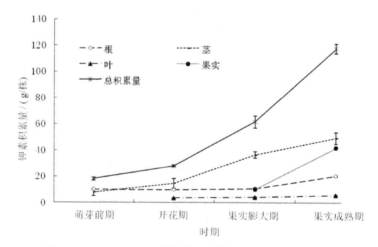

图 4-10　1.5m×3.0m 栽培模式枣树各器官钾素积累动态变化

由图 4-11 可知，0.3m×4.0m 栽培型枣树根中钾素积累量呈先增加后降低再增加趋势，从萌芽前期的 1.39g/株增加到开花期的 1.92g/株，再降低到幼果期的 1.53g/株，最后又增加到果实成熟期的 3.09g/株。茎中钾素积累量钾素从萌芽前期的 7.05g/株降低到开花期的 5.78g/株，最后又增加到果实成熟期的 12.05g/株（达最大值）。叶中钾素从开花期的 3.22g/株增加到果实膨大期的 9.83g/株（达最大值），之后降低到果实成熟期的 8.44g/株，果实中钾素积累量变化呈递增趋势，从幼果期的 2.16g/株增加到成熟期的 37.58g/株（达最大值）。

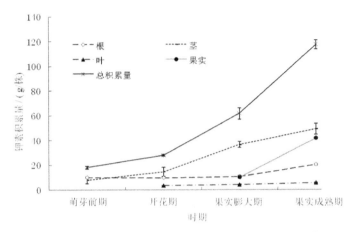

图 4-11　0.3m × 4.0m 栽培模式枣树各器官钾素积累动态变化

由图 4-12 可知，1.5m×2.0m 栽培型枣树根中钾素积累量由萌芽前期的 2.38g/株增加到幼果期的 4.57g/株（达最大值），之后降低到成熟期的 3.33g/株。茎中钾素积累量呈先增加后降低再增加趋势。由萌芽前期的 10.59g/株增加到开花期的 30.45g/株，之后降低到幼果期的 30.41g/株，最后又增加到成熟期的 32.47g/株。叶和果实中钾素积累量呈递增趋势，在果实成熟期达最大值，分别为 4.97g/株和 39.46g/株。这与秦嗣军等（秦嗣军等，2001）在葡萄和刘勇等（刘勇等，2000）在甜柿上的结果一致。

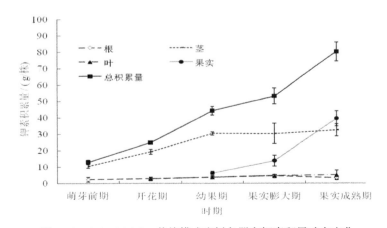

图 4-12　1.5m × 2.0m 栽培模式枣树各器官钾素积累动态变化

不同栽培模式枣树年周期钾素总积累量大小顺序为：1.5m×3.0m 栽培型>1.5m×2.0m 栽培型>0.3m×4.0m 栽培型，各器官中钾素积累量也表现不一，1.5m×3.0m 栽培型为：果实>茎>根>叶，而 0.3m×4.0m 栽培型和 1.5m×2.0m 栽培型为：果实>茎>叶>根，原因可能与 1.5m×3.0m 栽培型株行距大、根系比较发达进而根系生长快有关。整株枣树在各时期钾素积累量大小顺序均为：果实成熟期>果实膨大期>幼果期>开花期>萌芽前期。

(三)不同栽培模式枣树养分吸收积累规律

以果实成熟期枣果中氮、磷、钾的含量为需养分数量，来表示红枣经济产量，即养分吸收系数。

1.5m×3.0m 栽培型枣树每生产 1000kg 枣果，需要吸收氮素、磷素和钾素分别为 14.12kg、4.53kg 和 19.95kg。

0.3m×4.0m 栽培型枣树每生产 1000kg 枣果，需要吸收氮素、磷素和钾素分别为 21.03kg、8.60kg 和 31.92kg。

1.5m×2.0m 栽培型枣树每生产 1000kg 枣果，需要吸收氮素、磷素和钾素分别为 23.32kg、13.76kg 和 29.51kg。

植株氮素、磷素、钾素积累大小顺序为：钾>氮>磷，这充分说明了枣果实中富含钾元素(党辉等，2001；刘润平等，2009)。

1.5m×3.0m 栽培型枣树各时期氮、磷、钾吸收累积配比分别为：萌芽前期 1：0.40：1.87，开花期 1：0.18：0.81，果实膨大期 1：0.25：1.50，果实成熟期 1：0.30：1.46。

0.3m×4.0m 栽培型枣树各时期氮、磷、钾吸收累积配比分别为：萌芽前期 1：0.29：1.25，开花期 1：0.45：0.86，幼果期 1：0.72：1.03，果实膨大期 1：0.60：1.19，果实成熟期 1：0.41：1.28。

1.5m×2.0m 栽培型枣树各时期氮、磷、钾吸收累积配比分别为：萌芽前期 1：0.20：1.09，开花期 1：0.20：1.31，幼果期 1：0.41：2.07，果实膨大期 1：0.47：1.67，果实成熟期 1：0.39：1.17。

由此，建议幼龄枣树萌芽前期应重施氮磷钾基肥，适当扩大磷、钾肥的比例；开花期可减少磷、钾肥投入，果实膨大前期应追施氮、磷、钾肥，这与张志勇等(2006)的研究结论一致。

参 考 文 献

毕平，牛自勉，王贤萍，等.1996.枣花内源激素和可溶性糖含量的变化与坐果的关系[J].园艺学报，23(1)：8-12.

曹柳青.2006.赤霉素对冬枣光合作用和内源激素的影响[D].河北农业大学.

陈伟，吕柳新，叶陈亮，等.2000.荔枝胚胎发育与胚珠内源激素关系的研究[J].热带作物学报，21(3)：34-38.

党辉.2001.速溶红枣粉加工工艺研究[D].陕西师范大学：2-6.

邓月娥，张传来，牛立元，等.1995.桃果实发育过程中主要营养成分的动态变化及系统分析方法研究[J].果实科学，15(l)：45-52.

樊红柱，同延安，赵营，等.2007.苹果树体磷素动态规律与施肥管理[J].干旱地区农业研究，25(1)：73-77.

樊小林，黄彩龙，梁涛，等.2004.荔枝年生长周期内N，P，K营养动态规律与施肥管理体系[J].果树学报，21(6)：548-551.

高清.1976.植物生理学[M].华冈出版社，168-170.

关军峰.2008.果实品质生理[M].华夏英才基金学术文库(科学出版社).

郭裕新，单公华.2010.枣中国枣[M].上海：上海科学技术出版社.

胡芳名，何业华.1999.枣树落花落果机理及其控制技术的研究[J].林业科技开发，(4)：34-38.

黄鹏.2003.提高大石早生李坐果率和果实品质试验研究[J].西北园艺，2：9-11.

黄卫东，原永兵，彭宜.1994.本温带果树结实生理[M].北京：北京农业大学出版社.

姜小文，易干军，霍合强，等.2003.毛叶枣光合特性研究[J].果树学报，20(6)：479-482.

蒋高明主编.2004.植物生理生态学[M].北京：高等教育出版社.

李发江.1996.枣树落花落果现象观察及防治技术[J].甘肃林业科技，(03)：32-35.

李克志，高中山.1990.枣裂果机理的初步研究[J].果树科学，7(4)：221-226.

林雄，张孝棋，李崇阳.2001.荔枝秋梢的营养状况研究[J].华南师范大学学报(自然科学版)，(4)：98-100.

刘润平.2009.红枣的营养价值及其保健作用[J].中国食物与营养，12(12)：50-52.

刘勇，刘善军，霍光华，等.2000.甜柿果实发育期间矿质元素和营养成分变化[J].江西农业大学学报，22(2)：265-270.

陆时万.1982.植物学(上册)[M].北京：高等教育出版社.

毛永民，申连英，毕平，等.1999.不同枣品种果实抗裂果能力的比较研究[C].全国干果生产与科研进展学术研讨会.

潘瑞炽.2001.植物生理学(第四版)[M].北京：高等教育出版社.

秦嗣军，王铭，郭太君，等.2001.双优山葡萄叶柄内矿质营养动态变化的研究[J].吉林农业大学学报，23(4)：47-50.

邱燕平，向旭，王碧青，等.1998.荔枝三种结实类型内源激素的平衡与坐果机理[J].果树科学，15(1)：39-43.

邱燕萍，陈洁珍，欧良喜.1999.糯米糍荔枝裂果与内源激素变化的关系[J].果树科学，16(4)：276-279.

石志平，王文生.2003.鲜枣裂果及其与解剖结构相关性研究[J].华北农学报，18(2)：92-94.

汤建东，叶细养，饶国良，等.2002.广东省稻田肥料施用现状及其合理性评估[J].土壤与境，11(3)：311-314.

王忠主编.2000.植物生理学[M].北京：中国农业出版社.

吴韩英，寿森炎，朱祝军，等.高温胁迫对甜椒光合作用和叶绿素荧光的影响[J].园艺学报，2001,28(6)：517-521.

向旭，张展薇，邱燕平，等.1994.糯米糍荔枝坐果与内源激素的关系[J].园艺学报，21(1)：1-6.

徐昌杰，张上隆.2001.柑橘幼果发育期碳水化合物代谢及其与生长发育的关系[J].果树学报，18(l)：20-23.

徐绍颖.1987.植物生长调节剂与果树生产[M].上海：上海科学技术出版社.

苑博华，廖样孺，郑晓洁，等.2005.吲哚乙酸在植物细胞中的代谢及其作用[J].生物学通报，4(4)：21-23.

张建国，何方.2004.枣裂果的原因及调控技术[J].山西果树，(4)：25-273.

张志勇，马文奇.2006.酿酒葡萄"赤霞珠"养分累积动态及养分需求量的研究[J].园艺学报，33(3)：466-470.

赵会杰，邹琦，于振文.2000.叶绿素荧光分析技术及其在植物光合机理研究中的应用[J].河南农业大学学报，34(3)：248-251.

郑煜基，林兰稳，罗薇.2001.荔枝营养需求特点及其施肥技术研究[J].土壤与环境，10(3)：204-206.

周俊义，毛永民，申连英.1999.枣果实显微结构与裂果关系的初步研究[C].首届全国干果生产与科研进展学术研讨会论文集，266-267.

邹河清，许建楷.1995.红江橙的果皮结构与裂果的关系研究[J].华南农业大学学报，(1)：90-95.

Ball M C, Butterworth J A, Roden J S, et al. 1995. Applications of chlorophyll fluorescence to forest ecology [J].Australian Journal of Plant Physiology，22(2)：311-319.

Bob B, Buchanan, Gruissen W, Jones R L. 2002. Biochemistry & molecular biology of plants[M]. Beijing: Science Press Beijing.Chernyadev II.1994.Effect of 6-benzylaminopurine and thidiazuron on photosynthesis in crop plants[J]. Photo synthetica, 30(2): 287-292.

Crafts Brandner S J, Salvucci M E.2000.Rubisco activase constrains the photosynthetic potential of leaves at high temperature and CO_2 [J]. Proc Natl Acad Sci USA, 97(24): 13430-13435.

Crane J C. 1964. Growth substances in fruit setting and development[J]. Annual Review of Plant Physiology, 15: 303-326.

Dau H. 1994. Molecular mechanisms and quantitative models of variable photosystem II fluorescence [J]. Photochemistry Photobiology, 60(1): 1-23.

Deell J R, Prange R K, Murr D P. 1997. Chlorophyll fluorescence of delicious apples at harvest as a potential predictor of superficial scald development during storage[J]. Postharvest Biology and Technology, 9(1): 1-6.

Demmig B, Bjorkman O. 1987. Comparison of the effect of excessive light on chlorophyll fluorescence (77K) and photon yield of O_2 evolution of leaves of higher plants[J]. Planta, 171: 171-184.

Krause GH , Weis F. 1991. Chlorophyll fluorescence and photosynthesis : The basics[J]. Annual Review of Plant Physiology and Plant Molecular Biology, 42: 313-349.

Long S P, Humphries S, Falkowski P G.1994. Photoinhibition of photosynthesis in nature[J]. Annual Review of Plant Physiology and Plant Molecular Biology, 45: 633-662.

Massacci A , Iannelli M. 1995. The effect of growth at low temperature on photosynthetic characteristics and mechanisms of photoprotection of maize leaves[J]. Journal of Experimental Botany, 46(1): 119-127.

Nath N, Mishra S D. 1990.Stimulation of ribulose-1, 5-bisphosphate carboxylase activity in barley flag leaf by plantgrowth regulation[J].Photosynthetica, 24(2): 266-269.

Opara L U. 1996. Some characteristics of internal ring-cracking in apples[J]. Fruit Varieties, 50 (4): 260-262.

Schrieber U, Neubauer C. 1990. O_2 dependent electron flow, membrane energization and the mechanism of non-photochemical quenching of chlorophyll fluorescence[J]. Photosynthesis Research, 25: 279-293.

Sharkey TD. 2000. Some like it hot[J]. Science, 287(5452): 435-437. Vu J C V, Allen L H Jr, Boote K J, et al. 1997. Effect of elevated CO_2 and temperature on photosynthesis and Rubisco in rice and soybean[J]. Plant, Cell and Environment, 20(1): 68-76.

图　版

图 1-1　骏枣花发育过程

A 蕾裂；B 瓣平；C 花丝外展

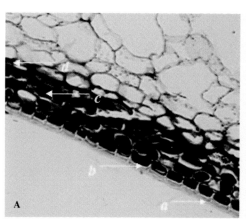
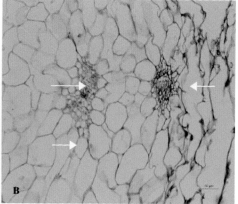

图 1-8　枣果皮组织结构

A.a 蜡质层，b 角质层，c 表皮细胞，d 亚表皮细胞；B.a 维管束，b 果肉细胞，c 空腔

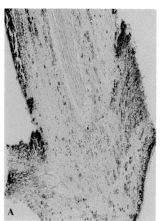
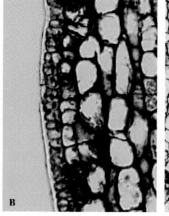
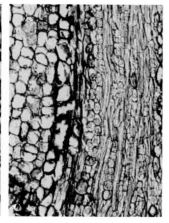

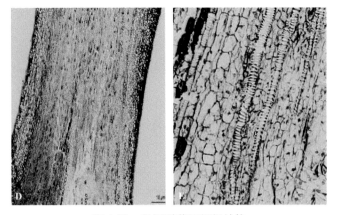

图 1-20　果柄脱落区组织结构

A 纵切面,果实和果柄连接处 ×26.4；B 纵切面,示表皮细胞 ×264；C 纵切面,韧皮部细胞及筛管 ×264；D 纵切面,
果柄韧皮部、木质部和髓部整体观 ×26.4；E 纵切面,示木质部导管 ×264。

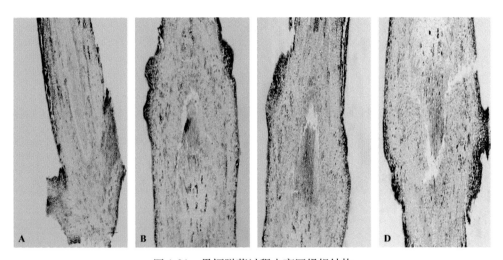

图 1-21　果柄脱落过程中离区组织结构

| 纵裂 | 环裂 | 纵裂+环裂 | 不规则裂 |

A

纵裂　　　　　　　　环裂　　　　　　　纵裂+环裂　　　　　　不规则裂

B

图 1-29(续)　骏枣裂果症状

A. 雨后裂果状；B. 日灼后裂果状

图 1-31　枣果裂开后被害状